Karina Aracely Guevara Barrigas
Katherine Lizeth Muñoz Condor

PATRONAJE BÁSICO FEMENINO

Karina Aracely Guevara Barrigas
Katherine Lizeth Muñoz Condor

PATRONAJE BÁSICO FEMENINO

Conceptualización, tejido, manejo de medidas, patronaje de prendas básicas y cálculo de elasticidad textil

Editorial Académica Española

Imprint
Any brand names and product names mentioned in this book are subject to trademark, brand or patent protection and are trademarks or registered trademarks of their respective holders. The use of brand names, product names, common names, trade names, product descriptions etc. even without a particular marking in this work is in no way to be construed to mean that such names may be regarded as unrestricted in respect of trademark and brand protection legislation and could thus be used by anyone.

Cover image: www.ingimage.com

Publisher:
Editorial Académica Española
is a trademark of
Dodo Books Indian Ocean Ltd. and OmniScriptum S.R.L publishing group

120 High Road, East Finchley, London, N2 9ED, United Kingdom
Str. Armeneasca 28/1, office 1, Chisinau MD-2012, Republic of Moldova, Europe
Printed at: see last page
ISBN: 978-613-9-41050-7

Tnlga. Karina Guevara Barrigas

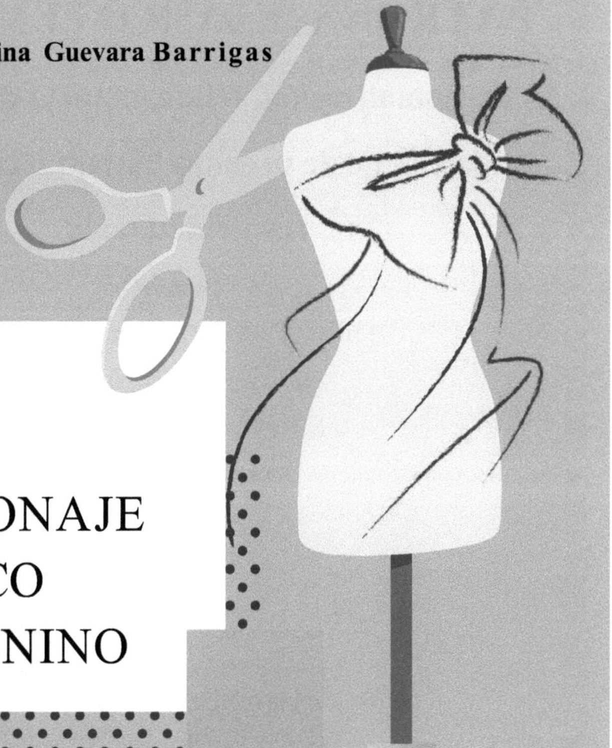

PATRONAJE
BÁSICO
FEMENINO

PATRONAJE BÁSICO FEMENINO

Conceptualización, tejido, manejo de medidas y patronaje de prendas básicas y cálculo de elasticidad textil.

Autores:

Tnlga. Karina Guevara Barrigas

aracelytagb91@gmail.com

Ing. Katherine Muñoz Condor

kmunoz@istb.edu.ec

Afiliación:

Instituto Superior Tecnológico Babahoyo

1. Contenido

Introducción 9

1. Capítulo I. Conceptualización básica 10

   1.1. ¿Qué es el Patronaje? 10

   1.1. ¿Qué es el Corte? 10

   1.2. ¿Qué es la Confección? 10

   1.3. Simbología del Patronaje y confección 10

   1.4. Herramientas necesarias para patronar. 12

     1.5.1 Reglas anatómicas industriales y su utilidad 12

     1.5.2 Materiales necesarios para realizar el corte. 14

     1.5.3 Materiales necesarios para la confección de ropa. 16

2. Capítulo II: Tejidos 19

   2.1. Los tejidos. 19

     2.1.1. Tejido plano 19

     2.1.2. El tejido de punto 20

     2.1.3. Tejido no tejido 21

   2.2. Cálculo de nivel de stress de las telas. 21

   2.3. Manejo de Maquinaria. 23

     2.3.1. Mantenimiento que se debe realizar en las máquinas de coser 25

     2.3.2. Consejos importantes 25

   2.4. Máquina recta y sus partes 26

     2.4.1. Descripción de cada una de las partes de la máquina recta 26

   2.5. Actividad propuesta. 29

3. Capítulo III: Toma de medidas y elaboración de blusa 32

   3.1. Como Tomar Medidas Correctamente 32

   3.2. Medidas necesarias para poder patronar y confeccionar las blusas 32

     3.2.1. Clasificación y división de medidas 40

   3.3. Modelos y Característica de las Blusas 41

   3.4. Patronaje paso a paso de la blusa básica femenina 43

3.4.1.   Patrón delantero de blusa base. 43

3.4.2.   Patrón posterior de blusa base. 57

3.4.3.   Transformación de la parte delantera 68

3.4.4.   Suprimir pinzas de ajuste. 69

3.4.5.   Proceso de Corte del patrón posterior 70

3.4.6.   Uso de refuerzos 71

3.5.   Variación de escotes 71

3.6.   Cuellos y solapas 73

3.7.   Mangas 74

3.8. Puños 76

3.9.   Faldas 77

3.9.1.   Concepto 77

3.9.2.   Tipos de faldas 77

3.9.3.   Patronaje de la falda base 80

3.9.4.   Moldes de falda y márgenes de costura 85

3.10.   Patronaje de manga básica femenina paso a paso. 86

3.10.1.   Molde de manga con Costuras 91

4.   Capítulo IV: Cálculo de elasticidad de tela 92

4.1.   Reducción de medidas 93

4.2.   Cálculo de encogimiento de tela 94

5.   Referencias 96

Índice de Tablas

Tabla 1 Simbología del Patronaje y Confección -- 10

Tabla 2 *Medidas de largo y su aplicación* -- 41

Tabla 3 *Medidas para la blusa base y su división* ------------------------------------ 43

Tabla 4 *Forma de suprimir las pinzas de ajuste básicas* ------------------------------ 69

Tabla 5 *Medidas para patronar la falda básica* ------------------------------------ 80

Tabla 6 *Medidas para el patronaje de manga base* ------------------------------------ 86

Tabla 7 *Demostración de reducción de medidas* ------------------------------------ 93

Índice de Figuras

Figura 1 *Herramientas para el patronaje* -- 12

Figura 2 *Reglas anatómicas de patronaje* --- 12

Figura 3 *Regla de cadera* --- 13

Figura 4 *Regla de tiro* -- 13

Figura 5 *Escuadra* -- 13

Figura 6 *Regla escotera* -- 14

Figura 7 *Sisómetro* --- 14

Figura 8 *Tijera* --- 15

Figura 9 *Tiza sastre simple* --- 15

Figura 10 *Alfileres punta de seda* --- 15

Figura 11 *Piquetera* --- 16

Figura 12 *Clasificación de los textiles según su origen* ----------------------------------- 17

Figura 13 *Direcciones de hilos en el tejido plano* --- 19

Figura 14 *Ligamentos del tejido de punto* --- 20

Figura 15 *Superficie del tejido no tejido* -- 21

Figura 16 *Medida base para el cálculo de elasticidad textil* ------------------------------- 22

Figura 17 *Estiramiento del textil para el cálculo de elasticidad* --------------------------- 23

Figura 18 *Máquina recta y sus partes* --- 26

Figura 19 *Aguja de máquina recta* --- 27

Figura 20 *Porta bobina* -- 27

Figura 21 *Bobina lado izquierdo y carrete del lado derecho* ------------------------------- 28

Figura 22 *Forma de tomar la medida de contorno de cuello* ------------------------------- 33

Figura 23 *Forma de tomar la medida de escote* -- 33

Figura 24 *Forma correcta de tomar la medida de ancho de hombro* ------------------- 34

Figura 25 *Toma de medida de Talle delantero* --- 34

Figura 26 *Toma de medida del talle posterior* -- 35

Figura 27 *Toma de medida de contorno de busto* -- 35

Figura 28 *Contorno de bajo busto* --- 36

Figura 29 *Contorno de cintura* -- 36

Figura 30 *Contorno de cintura* -- 37

Figura 31 *Contorno de cadera* --- 37

Figura 32 *Forma de tomar la medida de alto de busto* --------------------------------- 38

Figura 33 *Toma de medida de alto de bajo busto* -------------------------------------- 38

Figura 34 *Toma de la medida de distancia de busto* ----------------------------------- 39

Figura 35 *Toma de medida de largos de manga corta y larga* ---------------------- 39

Figura 36 *Medida de largo de manga* -- 40

Figura 37 *Blusas playeras o camisetas* --- 42

Figura 38 *Blusas casuales* --- 42

Figura 39 *Blusas formales estilo camisero* -- 42

Figura 40 *Uso de refuerzos* --- 71

Figura 41 *Escote redondo* --- 71

Figura 42 *Escote Francés* -- 72

Figura 43 *Escote V* --- 72

Figura 44 *Escote corazón* --- 72

Figura 45 *Escote bandeja* --- 73

Figura 46 *Cuello sport o* camisero --- 73

Figura 47 *Cuello Mao* --- 73

Figura 48 *Cuello cisne* -- 73

Figura 49 *Solapa Marinera* --- 74

Figura 50 *Manga Francesa* -- 74

Figura 51 *Manga bombacha* -- 74

Figura 52 *Manga de camisa* --- 75

Figura 53 *Manga Kimono* --- 75

Figura 54 *Manga tulipán* -- 75

Figura 55 *Manga bombacha* -- 76

Figura 56 *Puño de camisa* --- 76

Figura 57 *Puño de banda* -- 76

Figura 58 *Puño francés* -- 76

Figura 59 *Puño de volante* --- 77

Figura 60 *Falda línea A* --- 77

Figura 61 *Falda tubo*-- 78

Figura 62 *Falda de tablones encontrados* --- 78

Figura 63 *Falda asimétrica* -- 78

Figura 64 *Falda de capas* --- 79

Figura 65 *Falda sirena* -- 79

Figura 66 *Medida base de cálculo de elasticidad* ------------------------------------ 92

Figura 67 *Estiramiento textil para la medida del crecimiento.* ---------------------- 93

Introducción

El presente libro ha sido creado especialmente como guía en el aprendizaje del diseño de modas para estudiantes o personas principiante en el campo de la moda, en el que se encuentra información bastante especificada para dar los primeros pasos en el desarrollo de patrones y confección, está direccionado a métodos básicos para realizar patrones a la medida de prendas femeninas.

En la primera unidad se encuentran conceptos básicos del corte y la confección, se explica detalladamente los materiales necesarios para este tipo de actividades y la utilidad que tiene cada objeto, además de la maquinaria específica para este tipo de línea de vestuario, se explica las partes de las maquinas, se detalla por pasos el manejo, el mantenimiento que se debe llevar a cabo para el cuidado de las mismas y prolongar el tiempo de vida útil y consejos varios.

En la segunda unidad se detalla puntos importantes que se debe conocer previamente a la realización de patrones como las medidas y la forma correcta de obtenerlas, el tratamiento que deben tener las medidas de acuerdo a su clasificación, se explica las tipologías en blusas femeninas y no podía faltar el paso a paso de cómo realizar el patronaje de las blusas femeninas empezando por el trazado básico, la transformación que deben realizar con los ajustes correspondientes. También se encuentra información necesaria para el conocimiento de la tipología de cuellos, escotes, mangas y los métodos necesarios para poder obtener una base para el desarrollo de posteriores diseños. Se detalla técnicas de acabado relacionadas a la confección de puños, pretinas, bolsillos y acabados varios para la confección de calidad de blusas femeninas.

En la tercera y cuarta unidad se explica paso a paso el desarrollo de blusa, falda y manga básica femenina, la transformación que se debe realizar y se da a conocer toda una variedad de faldas existentes, también se detalla información acerca de los textiles, métodos para el cálculo de estiramiento textil y reducción de medidas así como la identificación del encogimiento textil, esto con el fin de aportar a los conocimientos de los estudiantes del área para su buen desenvolvimiento en tipologías de vestuario más complejas.

1. Capítulo I. Conceptualización básica

1.1.   ¿Qué es el Patronaje?

El Patronaje es la acción de realizar el molde de las prendas de vestir mediante líneas que respetan las medidas de la persona a usar el vestuario, una vez elaborados toman el nombre de patrones, este se lo debe plasmar en papel periódico, con la finalidad de realizar las correcciones y modificaciones necesarias antes de que sea transferido a la tela mediante la acción denominada corte.

1.1.   ¿Qué es el Corte?

Una vez obtenidos los moldes separados dependiendo de los diseños, se procede a emplantillar sobre la tela para continuar a realizar la separación de estas piezas que posteriormente serán unidas mediante costuras.

1.2.   ¿Qué es la Confección?

Es el arte de ensamblar (coser) partes de vestuario cortadas anteriormente mediante costuras y pespuntes que se realizan con maquinarias específicas para cada una de las operaciones, estas maquinarias pueden ser: recta o plana, overlock o remalladora, zigzag, recubridora, etc.

1.3.   Simbología del Patronaje y confección

Los símbolos en los procesos de patronaje, corte y confección de prendas de vestir son fundamentales, ya que facilitan la ejecución efectiva de estrategias al cambiar de procesos y mejoran la comunicación entre las distintas áreas involucradas en la producción de una prenda hasta su finalización.

Tabla 1
Simbología del Patronaje y Confección

Símbolo	Descripción

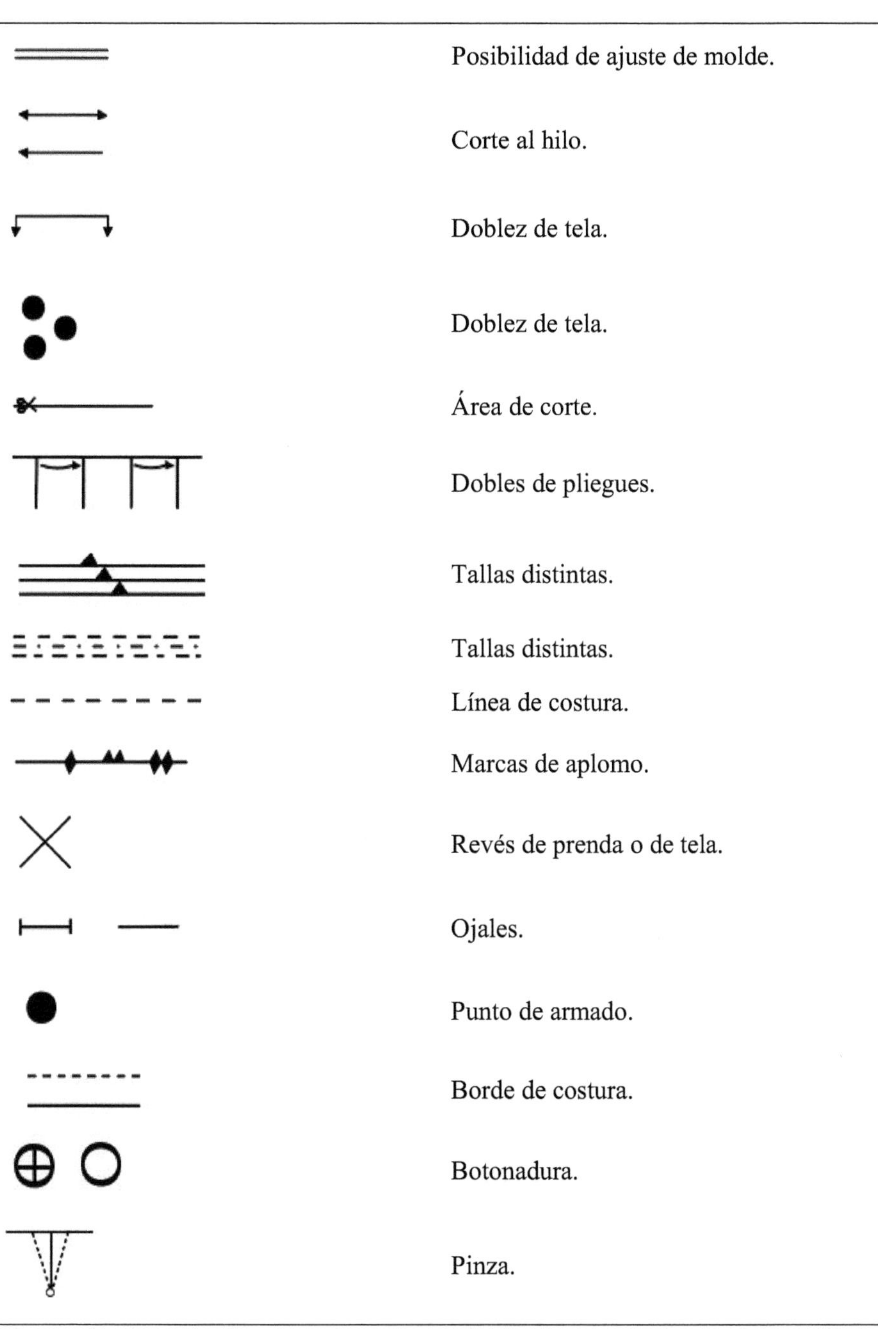

Posibilidad de ajuste de molde.
Corte al hilo.
Doblez de tela.
Doblez de tela.
Área de corte.
Dobles de pliegues.
Tallas distintas.
Tallas distintas.
Línea de costura.
Marcas de aplomo.
Revés de prenda o de tela.
Ojales.
Punto de armado.
Borde de costura.
Botonadura.
Pinza.

$\nearrow\!\!\!\swarrow$	Al sesgo.
V V V	Piquetes abiertos, se utiliza para costuras con curvas hacia afuera.
⊥⊥⊥	Piquetes cerrados, se utiliza para costuras con curvas hacia adentro.

1.4. Herramientas necesarias para patronar.

Para realizar el Patronaje es necesario contar con ciertos materiales básicos que son: Papel periódico, ya que es sobre aquella superficie, en la que se va a trabajar dibujando los trazos con la ayuda de: lápiz, borrador preferentemente 2b, tijera para cortar papel, cinta métrica, y las reglas propias para este trabajo.

Figura 1
Herramientas para el patronaje

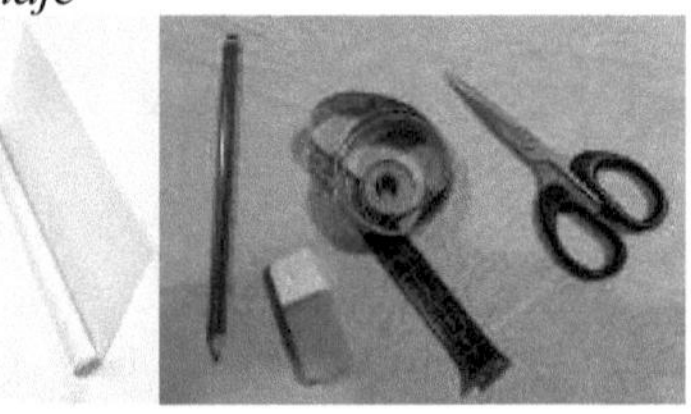

1.5.1 Reglas anatómicas industriales y su utilidad

Para realizar el patronaje es muy importante trabajar con reglas anatómicas adecuadas, las mismas se muestran a continuación:

Figura 2
Reglas anatómicas de patronaje

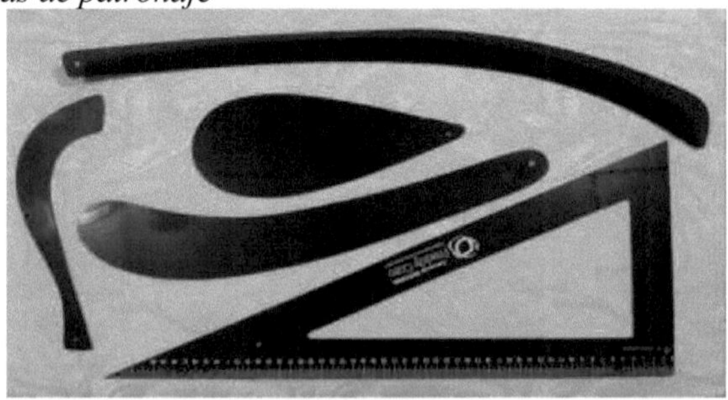

Cada una de las reglas que muestra la imagen tienen su uso específico para realizar los trazos de acuerdo la anatomía humana, el nombre de cada una y su utilidad se detallan a continuación.

Figura 3
Regla de cadera

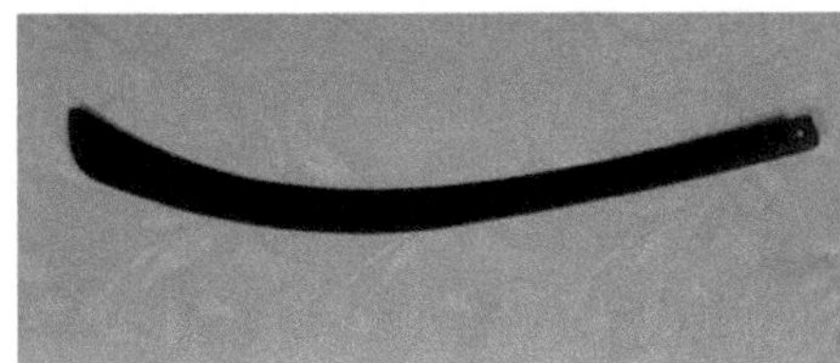

Regla de cadera. - Esta regla como su nombre lo indica es muy necesaria al momento de realizar trazos de la parte de los costados de las caderas sea de blusas, pantalones, faldas, vestidos, etc. Para realizar las piernas de los pantalones tanto en los costados como en la entrepierna.

Figura 4
Regla de tiro

Regla de tiro. - Esta regla es un poco parecida a la regla de cadera, pero tiene la diferencia que es un poco más corta y más ancha, sirve para dibujar la curva de cintura de faldas, blusas, pantalones y además de formar los tiros delanteros y posteriores de pantalones y shorts femeninos.

Figura 5
Escuadra

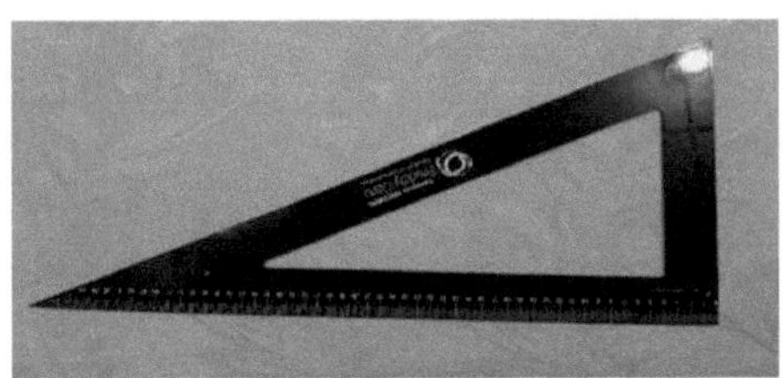

Escuadra. - Sirve para dibujar ángulos y líneas rectas, en el área de la modistería es utilizada para formar los ángulos bases que son el inicio de patrones para todo tipo de prenda de vestir.

Figura 6
Regla escotera

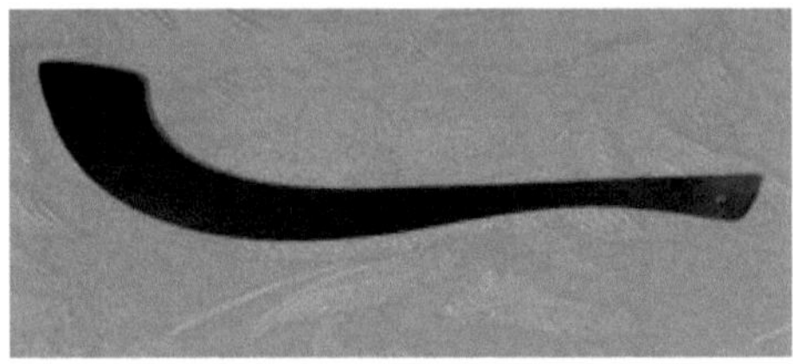

Escotera. - Esta regla sirve para realizar escotes que contienen curvas como, fantasía, redondos, estraples, estilo corazón, etc. Todos estos escotes después de dibujarlos se realizan ajustes y se deben volver a pulir.

Figura 7
Sisómetro

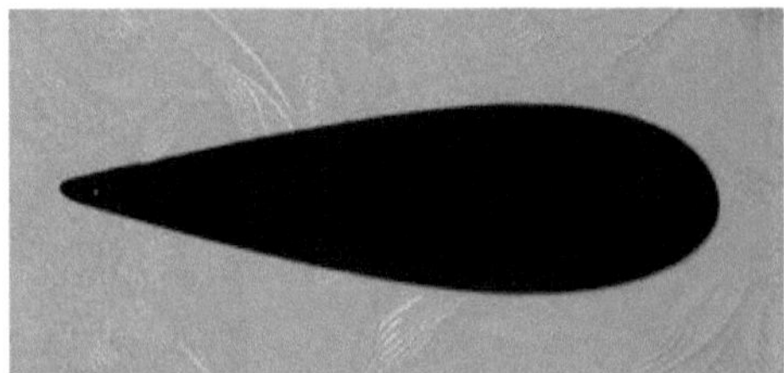

Sisómetro. - Ésta regla en forma de gota es primordial al realizar las sisas de las prendas superiores, también es muy útil a realizar escotes redondos y los escotes posteriores, también es muy necesaria para realizar los tiros posteriores en conjunto con la regla de tiro.

Estas herramientas son primordiales para realizar el trabajo de patronar que consiste en realizar trazos que constituyen la base para realizar las prendas de vestir a los cuales se le agrega márgenes de costura dependiendo el caso y se procede a utilizar como plantilla para realizar el corte.

1.5.2 Materiales necesarios para realizar el corte.

Para realizar el trabajo de corte se necesita ciertos materiales básicos que son: los moldes previamente patronados y cortados, tijera para cortar tela, alfileres con cabeza, cinta de pegar de papel y tiza sastre o jabón seco fino o similar que no manche para transferir la forma del molde a la tela mediante el marcado (Knight, 2012).

Figura 8
Tijera

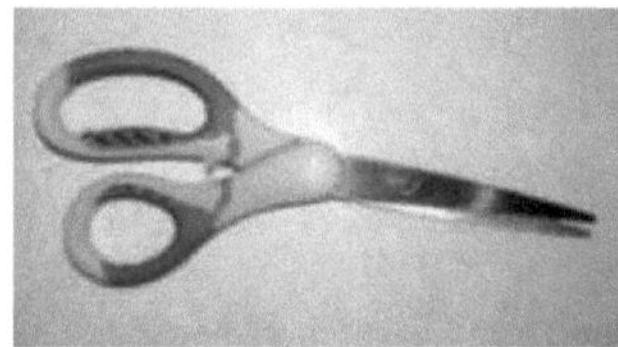

Nota. Material necesario para el corte de textil o papel.

Tijera. – Las tijeras son una herramienta fundamental para cortar moldes y textiles. Sin embargo, se recomienda no usar la misma tijera para ambos fines. Es preferible tener una tijera específica para cada proceso.

Figura 9
Tiza sastre simple

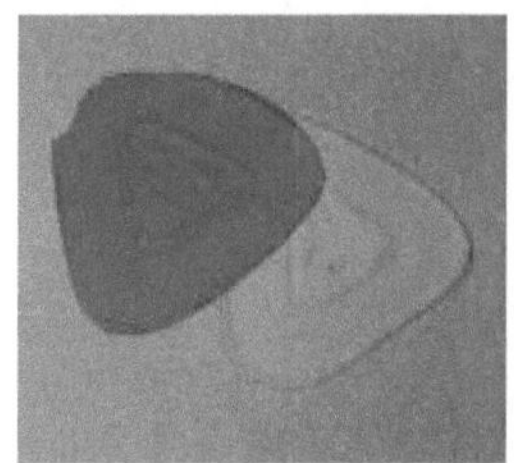

Nota. Tiza sastre material necesario para el proceso de corte.

Tiza sastre. – Este material es de mucha importancia debido a que es muy útil al momento de transferir los moldes al textil mediante el marcado, existe una gran variedad de tizas sastres de rodaja, lápiz sastre, marcadores sastre, etc.

Figura 10
Alfileres punta de seda

Nota. Alfileres necesarios en el proceso del corte y confección.

Alfileres. – Existen varios tipos de alfileres, sin embargo, debemos identificar los alfileres adecuados, los más apropiados para este tipo de trabajo son de punta alargada y de superficie lisa, no lo contrario debido a que deteriora el textil.

Figura 11
Piquetera

Nota. Material necesario para la confección. Tomado de (Mercado libre, 2024)

Piquetera. - Este material es de mucha importancia para realizar piquetes en costuras godets, curvas y semi curvas con la finalidad de voltear costuras y lograr un mejor acabado, a su vez también es muy necesaria para cortar hilachas al momento de coser.

1.5.3 Materiales necesarios para la confección de ropa.

Para la confección de prendas de vestir se requiere de las piezas del vestuario previamente cortados, alfileres, tijera, telas de acuerdo a la necesidad de la propuesta hilos al color de la tela que se va a coser, aguja de mano y obviamente la maquinaria necesaria, para realizar el ensamblaje, maquina recta y overlock cuando se cose ropa femenina en tejidos que no son stress (Caro., Guirald, & Soto, 1993).

1.5.3.1　Los textiles.

Los textiles son los materiales principales en la confección de vestuarios y la confección de prendas femeninas no es la excepción, por lo que debemos saber reconocer el tipo de textil, la procedencia, las propiedades, los usos y sus desventajas:

Origen de los textiles:

Los textiles pueden tener varios orígenes:

Figura 12

Clasificación de los textiles según su origen

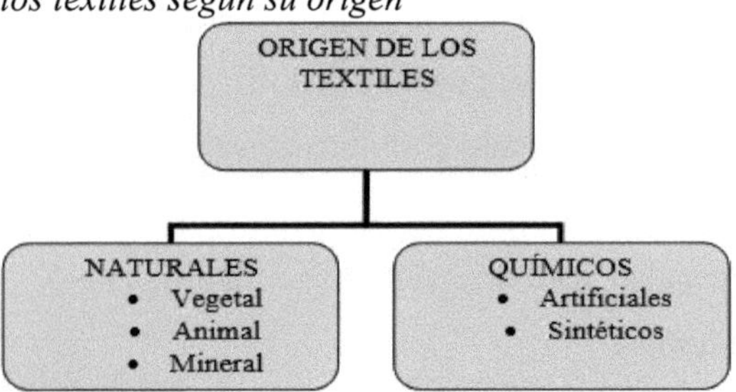

Textiles de origen natural

Los textiles de origen natural son aquellos que han sido producidos tras la utilización de materia prima extraída del entorno y elaborado especialmente con técnicas mecánicas, y cuyo componente principal es procedente de vegetales animales y minerales.

Textiles de origen vegetal: lino, algodón, cáñamo, ramio, yute, esparto, y etc.

Ventajas: Son apropiadas para el cuidado de la piel ya que son frescas, absorben fácilmente la humedad y no acumulan calor ni energía estática.

Desventajas: Se arrugan con facilidad.

Utilidad: Prendas de vestir tanto interiores y exteriores, para todas las edades.

Textiles de origen animal: Son procedentes del vellón o pelos y de secreciones.

Vellón: Ovejas, alpacas, llamas, vicuñas, camellos, conejos, mohair, cachemira, etc.

Secreciones: Gusano de seda, tussah, araña de seda, etc.

Ventajas: Los tejidos elaborados a base del vellón o pelos de animales tienen la capacidad de aislante térmico es decir que mantiene el calor interno del cuerpo sin acumularlo, además absorben la humedad para devolverla en el ambiente sin la necesidad de aportar humedad a la piel de quien viste, son cómodas y suaves al tacto además de aportar brillo.

Desventajas: Este tipo de tejidos son sensibles a las rasgaduras, si no se brindan los cuidados adecuados podrían apolillarse.

Utilidad: Los textiles elaborados a base de vellón y pelos de animales son muy utilizados para elaborar abrigos para climas fríos y a su vez utilería para el hogar como cobertores, cobijas y alfombras. Los textiles elaborados a base de sedas son utilizados para elaborar delicados vestidos, blusas y lencería.

Textiles de origen mineral: Asbesto o amianto, vidrio, plata, oro, etc.

Los textiles de origen mineral generalmente son utilizados como partes decorativas en varios tipos de trajes, pero el amianto al ser incombustible se utilizaba como materia óptima para la elaboración de trajes en el uso de trabajos como bomberos sin embargo al comprobarse que era altamente cancerígeno se prohibió su uso.

Textiles de origen químico

Los textiles de origen químico son procedentes de una combinación entre las manipulaciones químicas realizadas por el hombre y el uso de materias químicos, estos tejidos se dividen en dos grandes grupos que son las artificiales y sintéticas.

1.4.1.1. Artificiales:

Las fibras artificiales se originan entre la combinación materia procedente de la naturaleza y compuestos químicos para transformarlos en fibras y posteriormente a tejidos.

Sintéticas: Este tipo de tejidos son procedentes de fibras que son creadas a partir de derivados del petróleo en combinación con compuestos químicos como el poliéster.

Los textiles de origen químico son muy variados y con una amplia y específica utilidad, cabe mencionar que los textiles de origen artificial son mayormente agradables al tacto y poseen menor almacenamiento de energía estática y calor en comparación con los textiles sintéticos. Estos grupos de textiles soy mayormente utilizados por que su valor es económico y por ende tiene mayor salida y aceptación de los consumidores.

2. Capítulo II: Tejidos

2.1.   Los tejidos.

Se puede denominar tejido a cualquier producto textil resultante de la organización y entrelazado de hilos para formar una estructura continua y uniforme conocida como tela. Para realizar este proceso implica la disposición sistemática de hilos creando una base textil utilizada en la fabricación de diversas prendas y artículos.

Tipos de textiles:

Como base analizaremos 3 tipos de tejidos que son: tejido plano, tejido de punto y tejido no tejido.

2.1.1. Tejido plano

Una tela de tejido plano se compone de dos conjuntos de hilos que forman una base (tela), mediante el entrecruzamiento de hilos que son ubicados en dos direcciones; la urdimbre y la trama.

La urdimbre: Son los hilos más largos de la base textil, es decir aquellos hilos que se encuentran ubicados de forma longitudinal de la tela (están a lo largo).

La trama: Son los hilos que atraviesan la urdimbre en secuencias ordenadas que van formando una secuencia de tejido para aportar la apariencia deseada, los hilos de la trama se encuentran de forma horizontal en el sentido de la posición de la urdimbre.

Figura 13
Direcciones de hilos en el tejido plano

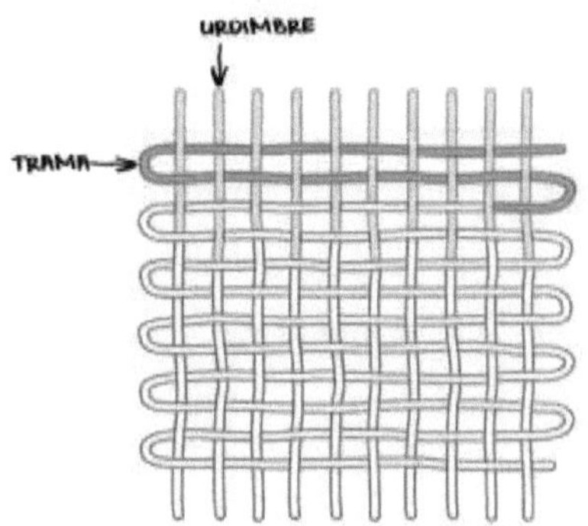

Nota: La imagen muestra el urdimbre y trama del tejido plano (Flores, 2020)

2.1.1.1. Partes y direcciones de uso del textil plano

Orillo: El orillo lejos de ser una dirección de uso es una parte de los textiles planos y se ubica en el filo de la base textil, es la parte en la que los hilos que forman la trama terminan o cambian de dirección.

Urdimbre o al hilo: La urdimbre es la orientación longitudinal del textil. Generalmente, los textiles tienen una mejor caída a lo largo de la urdimbre, lo que significa que deben ser colocados de forma vertical en las prendas, siguiendo la dirección del cuerpo humano, que se desplaza verticalmente. Esto es crucial para asegurar que las prendas de vestir tengan una apariencia y caída óptimas.

Trama o contrahílo: La trama consiste en los hilos que atraviesan horizontalmente la urdimbre. Esta orientación se utiliza para cortar partes de prendas que se lucen horizontalmente en el cuerpo, como las pretinas de las faldas, que se cortan a lo ancho del textil.

Sesgo o bies: Esta dirección implica colocar los textiles en forma diagonal respecto a la urdimbre y la trama. Se descubrió que, en esta dirección, los textiles presentan una mejor caída y pueden ofrecer una ligera elasticidad. Esto es especialmente útil para crear prendas que se ajusten mejor al cuerpo y proporcionen mayor comodidad.

2.1.2. El tejido de punto

El tejido de punto es un tipo de tela que al momento de fabricarla se realiza mediante la acción de tejer formando bucles y mallas, este tejido se realiza mayormente de forma tubular, aunque hoy con la tecnología implementada se crean tejidos de punto por trama que al final muestran un mismo aspecto.

Los tejidos de punto generalmente poseen una mayor capacidad elástica y memoria textil, se utiliza para prendas en las que se requieren textiles stress como las playeras, interiores, etc.

Figura 14
Ligamentos del tejido de punto

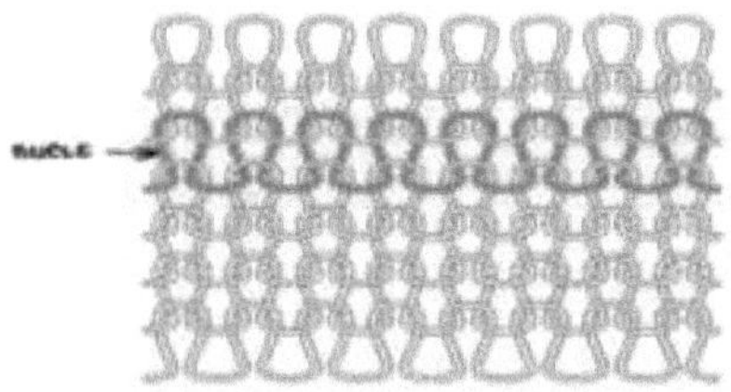

Nota: La imagen muestra el ligamento del tejido de punto. (Flores, 2020)

2.1.3. Tejido no tejido

Es una base textil que no se forma precisamente por el entrecruzamiento de hilos sino más bien por procesos térmicos y mecánicos y químicos en las que se fabrica mediante procesos de abrasión.

Figura 15
Superficie del tejido no tejido

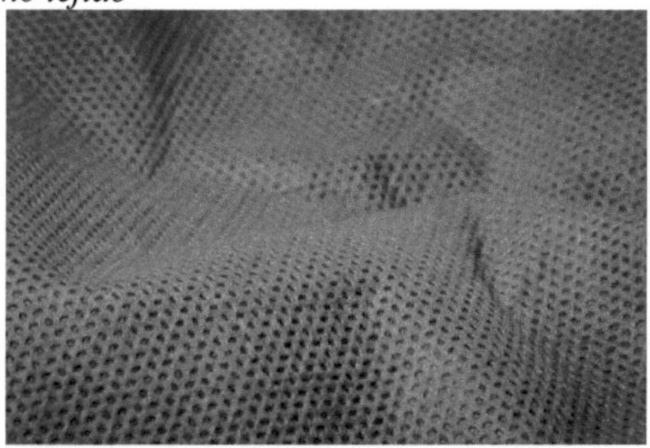

Nota: La imagen muestra el tejido no tejido. (Flores, 2020).

2.2.   Cálculo de nivel de stress de las telas.

Cuando se requiere elaborar prendas cuyo diseño sea ceñido al cuerpo de la persona y se está utilizando materia prima stress es necesario conocer el coeficiente de elasticidad del textil para con realizar reducción de medidas.

Para conocer este coeficiente stress del textil tan solo se debe aplicar la siguiente fórmula:

$$Cs = \frac{Cm \text{ de crecimiento}}{Cm \text{ de prueba}} = +\,1$$

Donde:

Los centímetros de crecimiento: son la cantidad de cm que se obtienen del estiramiento de la tela con un doblez y hacia lo ancho.

Los centímetros de prueba: es la cantidad en centímetros que son la base de la cual se realiza el proceso de estiramiento.

Es importante recordar que el estiramiento se debe realizar en relación al porcentaje que queremos que la prenda quede ceñida al cuerpo, pero sin que el textil pierda su forma, tal como se muestra en las siguientes imágenes.

En las siguientes imágenes se realiza la demostración en dos pasos para obtener los valores para el cálculo de elasticidad textil.

Paso 1:

Figura 16
Medida base para el cálculo de elasticidad textil

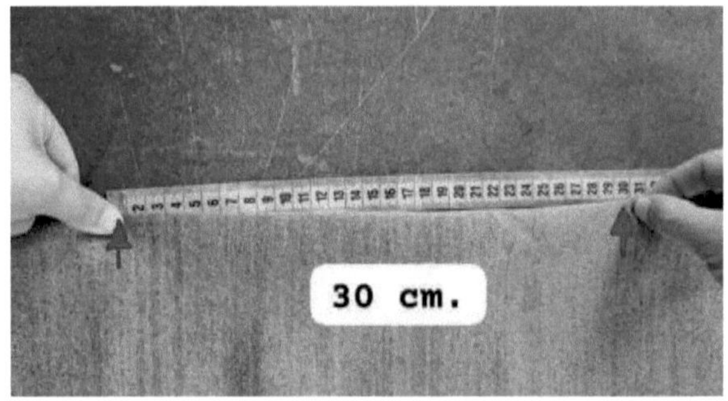

En este primer paso ubicamos una cinta métrica sobre la mesa y con el textil doblado sujetamos tan solo 30 centímetros serán los de prueba.

Paso 2:

Figura 17

Estiramiento del textil para el cálculo de elasticidad

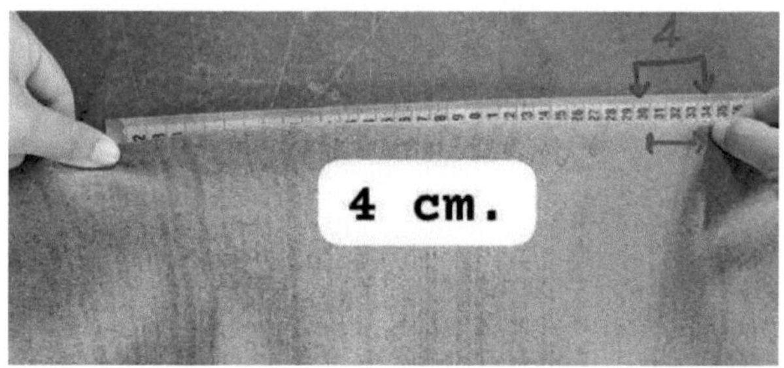

Procedemos a estirar suavemente el textil a partir del centímetro 30, observando cuidadosamente lo extendemos hasta antes de que el textil empiece a perder forma, y analizamos cuantos centímetros creció a partir de la base (30 centímetros).

Y procedemos a aplicar la fórmula antes mencionada con los valores obtenidos de la siguiente forma:

$$Cs = \frac{4}{3} = +1 = 1.13$$

Entonces: 1.13 es el coeficiente con el cual se realizará la reducción de medidas.

2.3.   Manejo de Maquinaria.

En el caso de requerir realizar costuras en máquina recta los pasos a realizar son los siguientes. Para poder entender los pasos debe ir revisando el siguiente tema de la máquina recta y sus partes.

Paso 1: Se debe empezar envolviendo de hilo necesario en el carrete de la maquina a coser, para realizar esta operación se debe quitar la bobina de la máquina, enhebrar el envolvedor de Carrete, poniendo el hilo en la antena y siguiendo el curso del hilo para rebobinar antes de llegar a la manija del envolvedor es necesario llenar el carrete de hilo con la mano para que sea la guía, posterior a ello se abre la manija del seguro y se ubica el envolvedor, después levantar el pie prénsatelas un poco para que los dientes no sufran desgaste, posterior a ello encender la máquina (con el botón de encendido en la parte derecha inferior a la mesa de la máquina) e iniciar presionando con el pie el pedal para iniciar el movimiento de la máquina y a acelerar de a poco hasta que el carrete este lleno del hilo.

Paso 2: Se debe realizar el enhebrado de la máquina iniciando con el hilo ubicado en la antena y siguiendo por el agujero que se encuentra en la parte superior de la antena y en cada uno de los tensores y finalmente en la aguja.

Paso 3: Debemos colocar el carrete de hilo en la bobina de manera que el carrete gire en el mismo sentido de salida del hilo.

Paso 4: Se procede a tomar con la mano izquierda el hilo que sale de la aguja de la máquina mientras con la mano derecha giramos el volante manual presionando unos 4milímetros el pedal, al realizar esta acción el hilo que se encuentra en la parte de debajo de la bobina subirá a la parte superior donde se encuentran los dientes de la máquina.

Paso 5: Por lo consiguiente es importante saber que la manija de pierna colocada en la parte inferior del tablero es para levantar el pie prénsatelas con la finalidad de colocar y quitar la tela que se desea coser. Entonces antes de coser se levanta el pie prénsatelas ubicando la zona que se desea coser en la parte inferior de la aguja.

Paso 6: Se debe ir presionando el pedal para iniciar la marcha de la máquina y guiar la tela con una mano de cada lado sin poner los dedos delante de la aguja para evitar accidentes. Realizando esta acción la maquina coserá por donde se la esté guiando hasta el lugar deseado.

Paso 7: Una vez que haya cosido hasta donde se requiera es importante realizar pequeños remates, esto se realiza friccionando la palanca de retroceso esto se debe hacer cosiendo por cuestión de un segundo.

Paso 8: Siguiendo estos pasos puede coser en las partes que considere necesario siguiendo las indicaciones del tutor, ficha técnica, etc.

Paso 9: Una vez terminada la costura debe proceder a retirar el tejido, bajar la aguja y apagar la máquina.

Es muy importante que antes de iniciar a coser en las prendas primero se realicen prácticas sobre una superficie como la cambrela cosiendo en líneas rectas y curvas dibujadas anteriormente.

2.3.1. Mantenimiento que se debe realizar en las máquinas de coser

Maquinaria nueva. - cuando la maquinaria es nueva es importante revisar que cada tornillo y/o perno tenga el ajuste debido, además es importante que la maquina este engrasada en el caso de máquinas domésticas, y en las maquinas industriales deben contar con el aceite suficiente, además se debe tener en cuenta de que no deben de existir objetos extraños que puedan atorar el equipo y dañarlo.

Limpieza. – Es importante mantener el equipo limpio, antes y después de usarlo se debe realizar la limpieza con una brocha los residuos de hilachas y con un paño debe limpiar empezando por el cabezote y terminando por el mueble.

Lubricación. - Para que la máquina funcione en óptimas condiciones y tenga durabilidad es muy importante que sus piezas que se encuentran en constante roce se encuentren engrasadas y/o con la cantidad de aceite que requiera el equipo. Es importante hacer revisiones periódicas en el caso de las maquinas caseras que se utilizan mucho se debe realizar el engrasado al menos cada mes. En el caso de la maquinas industriales que se utilizan constantemente se debe realizar el cambio de aceite al menos cada ocho meses.

2.3.2. Consejos importantes

a. El cableado eléctrico debe estar siempre hacia arriba en lo alto, ya que en el piso podría provocar accidentes.

b. Se deben revisar periódicamente que los cables no tengan cortes o rasgaduras.

c. Cuando se levanta de coser si va a regresar en el lapso de hasta 20 minutos es mejor no apagar la maquinaria.

d. Se debe mantener la maquinaria libre de pelusas limpiándolas con una brocha después de cada uso.

e. Cuando se aceita las maquinas antes de coser se debe realizar pruebas en retazos para evitar manchar de aceite en las prendas que se desea coser.

f. Cuando las maquinas estén sin usar se debe cubrirlas con fundas especialmente realizadas en tela.

g. No se debe tener alimentos de ninguna clase ni agua cerca de las máquinas de coser.

h. Por prevención es importante después que se termine la jornada de labores desconectar las máquinas de coser o a su vez bajar el breque.

2.4. Máquina recta y sus partes

Figura 18
Máquina recta y sus partes

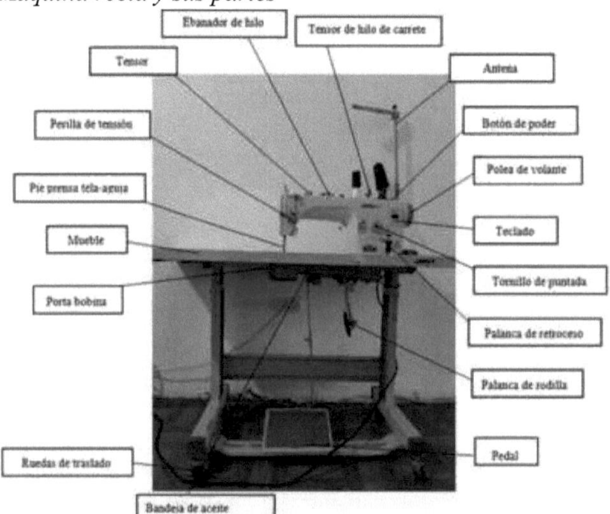

2.4.1. Descripción de cada una de las partes de la máquina recta

Antena y Tensores de hilo. – Estas partes de la máquina sirven para guía del hilo y contribuir con la tensión correcta.

Ebanador de hilo. – Si ubica el hilo en las guías de manera correcta poniendo el carrete en esta piecita puede envolver hilo.

Perilla de tensión. – Mediante esta perilla se puede ajustar la tensión del hilo si la puntada llega a estar floja o aflojar la tensión del hilo en caso de que la puntada llegue a estar muy ajustada.

Pie prensa telas. – Es la pieza en forma de pie que se encuentra detrás de la aguja y realiza presión sobre la tela que se está cociendo para que los dientes puedan trasladarla y de esa manera realizar la costura.

Aguja de máquina. – Es la pieza de la máquina que más fricciones realiza por segundo, es quien realiza los entrelazados del hilo para poder dibujar la costura recta, existen muchos tipos de aguja empezando por las universales hasta por el tipo de punta, el saber elegir de manera correcta depende el realizar costuras perfectas.

Figura 19
Aguja de máquina recta

Porta bobina. – Esta parte de la máquina se encuentra ubicada en la parte de debajo de los dientes de la máquina, se puede verla por debajo del tablero, la misma es donde se coloca la bobina con el carrete con hilo.

Figura 20
Porta bobina

Carrete. – Es la pieza que se ve a continuación la misma sirve para envolver hilo y ubicarla dentro de la bobina la maquina pueda coser.

Figura 21
Bobina lado izquierdo y carrete del lado derecho

Ruedas de traslado. – estas ruedas colocadas en la base de la máquina sirven para movilizar la máquina de un lugar a otro con tan solo empujar un poco y evitar mayores esfuerzos.

Bandeja de aceite. – Es el lugar donde se recoge la mayor parte de aceite que recorre por las piezas internas de la máquina.

Pedal. – Sirve para dar marcha a la maquina una vez encendido el motor de la misma.

Palanca de rodilla. - Sirve para levantar el pie prénsatelas con la rodilla.

Palanca de retroceso. - Friccionando esta palanca los dientes llevaran la tela hacia adelante permitiendo coser hacia atrás, esto sirve para realizar los remates.

Cable. – Las máquinas de coser sea domésticas o industriales como todo aparato electrónico tiene un cable alimentador de electricidad, sirven para conectar a la energía del voltaje que requiera la máquina para poder funcionar.

Polea de volante. - Sirve para mover la aguja manualmente.

Teclado. - Mediante este se puede configurar la velocidad de puntadas por segundo y la posición de la aguja al detener la marcha de la máquina.

2.5.   Actividad propuesta.

Resuelva el taller para poder evaluar los conocimientos adquiridos en esta primera unidad.

Ponga V si es verdadero y F si es falso.

El Patronaje es la acción de realizar el molde de las prendas de vestir mediante líneas que respetan las medidas de la persona a usar el vestuario, una vez elaborados toman el nombre de patrones, este se lo debe plasmar en papel periódico, con la finalidad de realizar las correcciones y modificaciones necesarias antes de que sea transferido a la tela mediante la acción denominada corte.   (   ).

Complete

El corte en el ámbito de la confección es la separación de las piezas obtenidas anteriormente denominadas patronaje, esto se realiza emplantillando sobre la tela sujetándola con ___________.

Complete

La confección es el arte de: ………………………………………………………………
…………………………………………………………………………………………………..
…………………………………………………………………………………………………..

Unir con líneas lo correcto de los materiales para cada acción a realizar.

Tijera de papel.

Patronaje	Tiza sastre
	Hilo
Corte	Cinta métrica
	Tijera de Tela
Confección	Alfileres
	Lápiz
	Aguja
	Cinta de pegar papel
	Carrete
	Hilo al color

Poner los títulos correctos referente a las reglas:

> Escuadra, regla de cadera, sisómetro, regla de tiro, escotera.

_______________________. - Esta regla como su nombre lo indica es muy necesaria al momento de realizar trazos de la parte de los costados de las caderas sea de blusas, pantalones, faldas, vestidos, etc. Para realizar las piernas de los pantalones y entrepiernas.

_______________________. - Esta regla es un poco parecida a la regla de cadera, pero tiene la diferencia que es un poco más corta y más ancha, sirve para dar forma a la curva de cintura de faldas, blusas, pantalones y además para dibujar los tiros delanteros y posteriores de pantalones y shorts femeninos.

_______________________. - Sirve para dibujar ángulos y líneas rectas, en el área de la modistería se la utiliza para dibujar las bases que son el inicio de patrones para todo tipo de prenda de vestir.

_______________________. - Esta regla sirve para realizar escotes que contienen curvas como, fantasía, redondos, estraples, estilo corazón, etc. Todos estos escotes después de dibujarlos se realizan ajustes y se deben volver a pulir.

_______________________. - Ésta regla en forma de gota es primordial al realizar las sisas de las prendas superiores, también es muy útil a realizar escotes redondos y los escotes posteriores, también es muy necesaria para realizar los tiros posteriores en conjunto con la regla de tiro.

Conteste: ¿El siguiente texto corresponde a cuál es el paso de manejo de maquinaria?

Se debe ir presionando el pedal para iniciar la marcha de la máquina y guiar la tela con una mano de cada lado sin poner los dedos delante de la aguja para evitar accidentes. Realizando esta acción la máquina coserá por donde se la esté guiando hasta el lugar deseado.

Respuesta: ____.

Responda lo siguiente

Con sus propias palabras explique acerca del mantenimiento que se debe realizar en las máquinas de coser: ……………………………………………………………

……………………………………………………………………………………………

……………………………………………………………………………………………

Responda

Mencione 1 consejo importante del mantenimiento de las maquinarias:

……………………………………………………………………………………………

……………………………………………………………………………………………

Conteste V si es verdadero y F si es falso

No es necesario mantener las maquinas limpias, antes y después de usarlas no se debe realizar la limpieza de los residuos de hilachas ni el cabezote ni el mueble. (………..)

 Una lo correcto acerca de las piezas de la maquinaria

Porta bobina

Perilla tensora y palanca de retroceso

Aguja y pie prénsatelas

Bobina y carretel

3. Capítulo III: Toma de medidas y elaboración de blusa

3.1.   Como Tomar Medidas Correctamente

El identificar y obtener las medidas correctas de la persona a quien se va a confeccionar las prendas es muy importante ya que de allí parte el tratamiento de las mismas y el resto del trabajo hasta la obtención del producto.

3.2.   Medidas necesarias para poder patronar y confeccionar las blusas

Las medidas necesarias son las siguientes:
   a. Contorno de cuello
   b. Largo de Escote Ancho de espalda
   c. Largo de talle delantero
   d. Largo de talle posterior
   e. Contorno de busto
   f. Contorno de bajo busto
   g. Contorno de Cintura
   h. Contorno de Cadera Alto de busto
   i. Alto de bajo busto
   j. Distancia de Busto
   k. Alto de cadera
   l. Largo de manga
   m. Ancho de manga
   n. Ancho de puño

Cada una de estas medidas deben ser tomadas de manera correcta, esto se explica a continuación: Es muy importante antes de iniciar la toma de medidas debemos observar a la persona y denotar si tiene ciertas peculiaridades como, por ejemplo: busto muy prominente o muy poco busto, tiene cintura muy acentuada o lo contrario, sus caderas y glúteos, si de pronto tiene joroba y su estatura; si la persona tiene alguna de estas características es necesario anotarlas para tenerlo en cuenta cuando se realice el Patronaje.

La postura de la dama debe ser de pie con una posición relajada y natural de la persona y debemos observar si tiene brazzier con esponjas gruesas, para que cuando vaya a usar la prenda use brazzier con las mismas características, por lo consiguiente se debe sujetar con una cuerda fina o un elástico en la cintura de la persona. Y por lo consiguiente se deben tomar las medidas de la siguiente manera:

Figura 22
Forma de tomar la medida de contorno de cuello

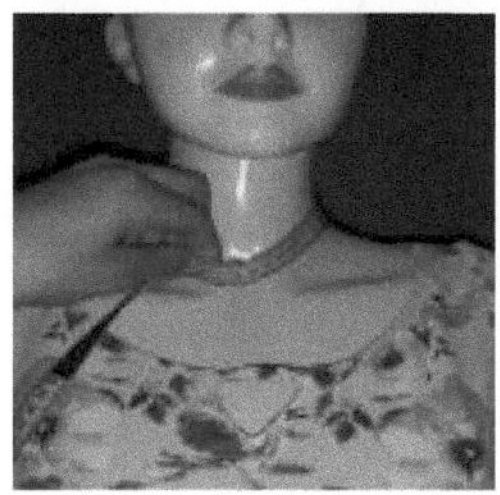

Contorno de cuello. – Para tomar esta medida se debe rodear con la cinta métrica la parte baja del cuello tomando como referencia la hendidura en la parte delantera.

Figura 23
Forma de tomar la medida de escote

Escote. – Se debe tomar la medida desde el nacimiento del cuello en el hombro hacia la parte centro frente del pecho según la profundidad de escote deseado.

Figura 24
Forma correcta de tomar la medida de ancho de hombro

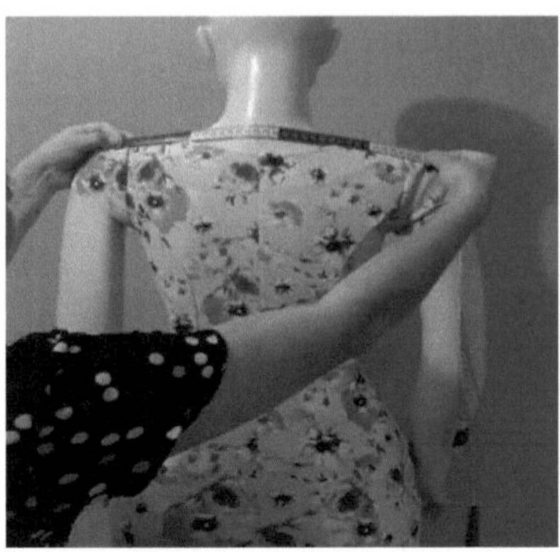

Ancho de Hombro. – Se mide todo el ancho del hombro en la parte superior de la espalda desde cada extremo a extremo situando los bordes de la cinta en los huesitos que están a final de los hombros.

Figura 25
Toma de medida de Talle delantero

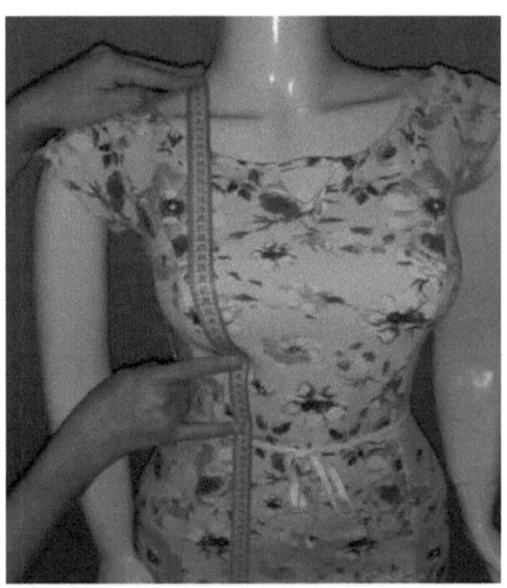

Largo de talle delantero. – Esta medida debe tomarse desde el nacimiento del cuello en el hombro pasando la cinta métrica por el busto del lado que se está midiendo hasta la cinta o elástico sujetado en la cintura.

Figura 26

Toma de medida del talle posterior

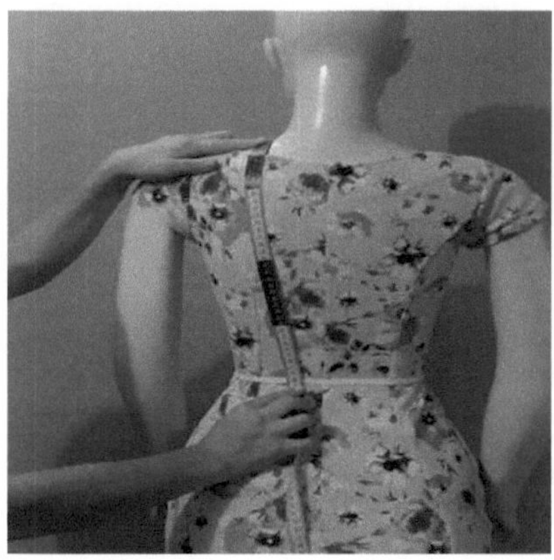

Largo de talle posterior. – Se inicia por el nacimiento del cuello en el hombro hasta la cinta o elástico sujetado en la cintura.

Figura 27

Toma de medida de contorno de busto

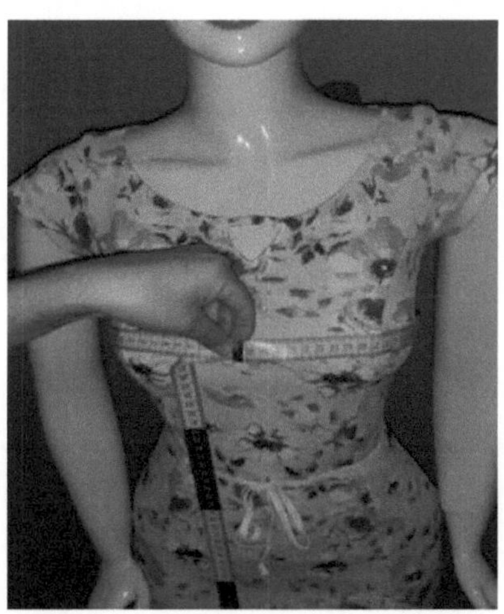

Contorno de busto. – Se debe rodear con la cinta métrica a manera de contorno desde el busto pasando por la espalda situando la cinta por la parte más prominente.

Figura 28
Contorno de bajo busto

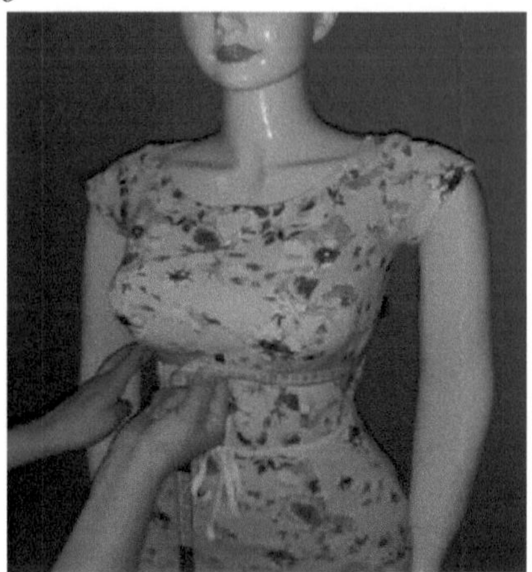

Contorno de bajo busto. – Esta medida se toma al igual que la anterior con la única diferencia que debe sujetarse con la cinta justo por debajo del busto.

Figura 29
Contorno de cintura

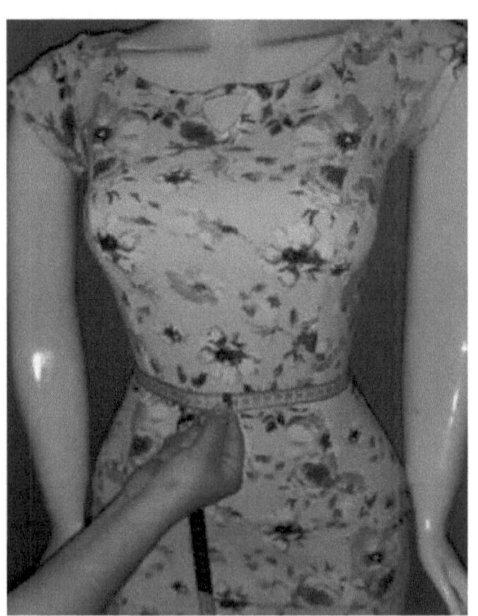

Contorno de Cintura. – Se debe rodear con la cinta por la parte más estrecha de la cintura sin ajustar.

Figura 30
Contorno de cintura

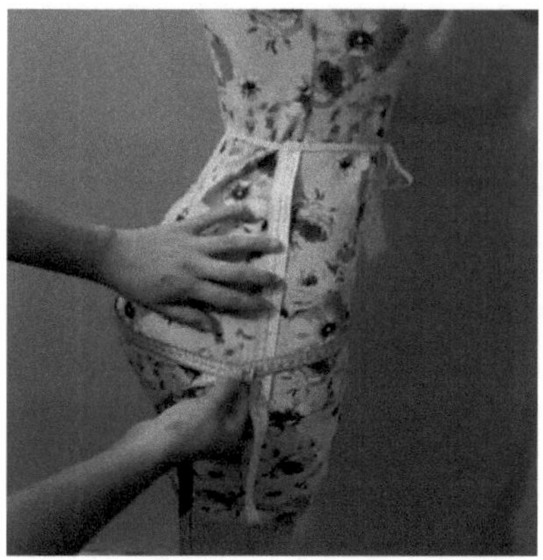

Alto de cadera. – Esta medida debe tomarse por el costado desde la cintura hasta la cadera, en el caso de las blusas hasta el largo deseado.

Figura 31
Contorno de cadera

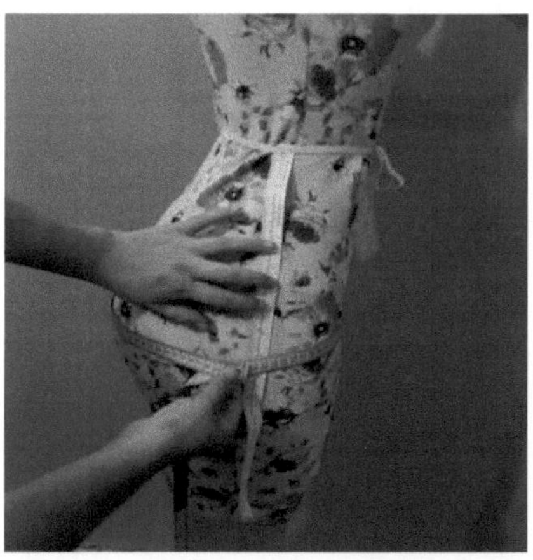

Contorno de Cadera. – Para tomar esta medida debemos estar atentos a que la cinta rodee la cadera de la dama por la parte más prominente tanto en los costados como en los glúteos. En el caso de las blusas debe rodearse en el alto de cadera deseado.

Figura 32
Forma de tomar la medida de alto de busto

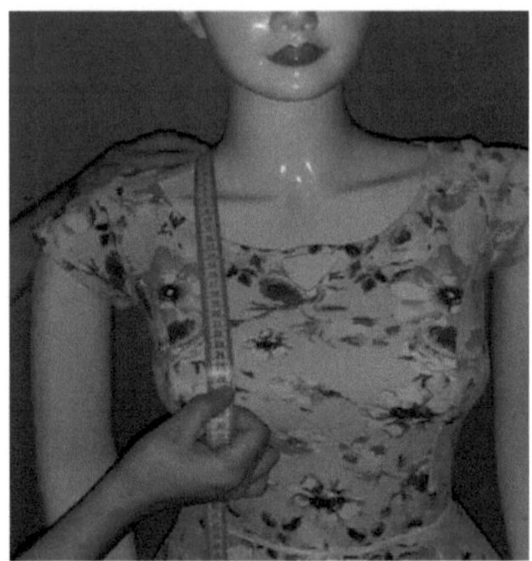

Alto de busto. – Esta medida debe tomarse desde el nacimiento del cuello en los hombros hasta la parte más prominente del busto del lado que se está tomando.

Figura 33
Toma de medida de alto de bajo busto

Alto de bajo busto. - Al igual que la medida anterior esta medida debe tomarse desde el nacimiento del cuello en el hombro, pasando por la parte más prominente del busto hasta la hendidura debajo del busto.

Figura 34
Toma de la medida de distancia de busto

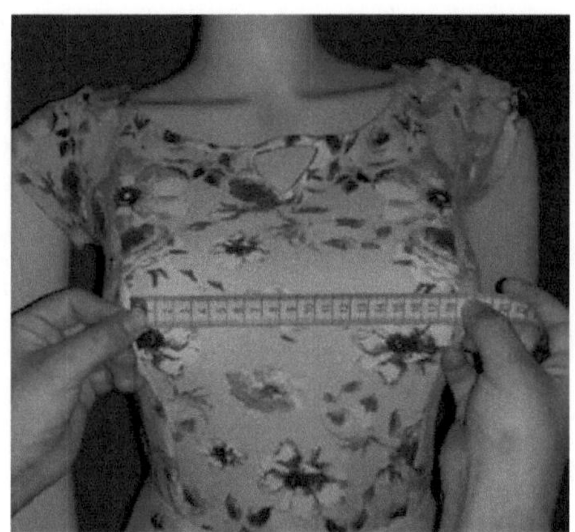

Distancia de Busto. – En esta medida se pretende tomar cuantos centímetros hay de separación de cada busto, por la parte más prominente (pezón) de cada uno.

Figura 35
Toma de medida de largos de manga corta y larga

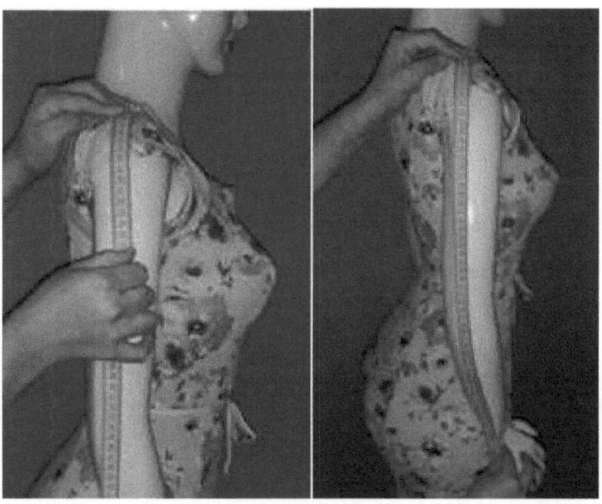

Largo de manga. – Se debe tomar desde el hombro hasta el largo deseado en el caso de querer realizar la blusa con manga corta, y en el caso de desear realizar con manga larga debe ser hasta el nódulo de la muñeca pasando por el codo con el brazo levemente flexionado.

Figura 36
Medida de largo de manga

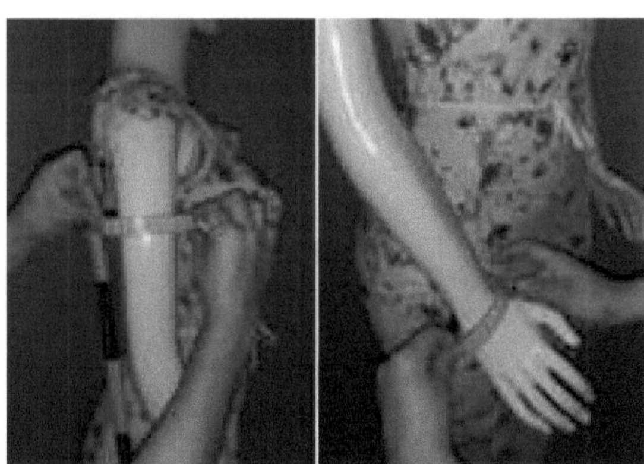

Ancho de manga y Ancho de puño. – Para esta medida se debe considerar el largo de manga que se desea hacer (manga larga o manga corta) y según ello a esa altura se debe rodear con la cinta en el brazo en el largo deseado, cabe recalcar que esta medida debe ser holgada.

3.2.1. Clasificación y división de medidas

Una vez obtenidas las medidas se debe realizar la división, esto se efectuará de la siguiente manera:

Medidas de Contorno: Las medidas de contorno se deben dividir en cuatro partes de la siguiente manera:

Contorno de busto:	96cm		24cm
Contorno de bajo busto	84cm	÷ 4 =	21cm
Contorno de Cintura	72cm		18cm
Contorno de Cadera	106cm		26.5cm

Ese resultado es el que se aplicará en el desarrollo de patrones ya que se trabaja por cuarta.

Medidas de Ancho: Las medidas de ancho deben de ser divididos por la mitad o para dos de la siguiente manera:

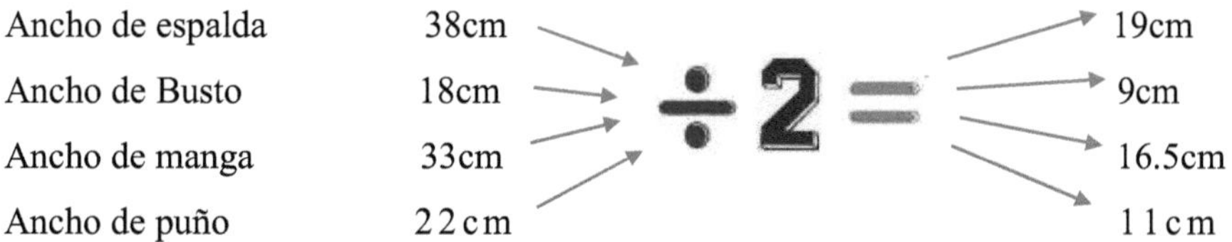

Medidas de Lago y alto: Estas medidas no se deben dividir para ser aplicadas en el patrón, ya que se aplican enteras.

Tabla 2

Medidas de largo y su aplicación

Nombre de la medida	Medida total	
Largo de Escote	23cm.	
Largo de talle delantero	45cm.	
Largo de talle posterior	40cm.	
Alto de busto	29cm.	
Alto de bajo busto	36cm.	Se aplican
Alto de cadera	22cm.	completas
Largo total de manga	58 cm.	

Medida Auxiliar: La división de estas medidas se realizan de manera diferente como es el caso de contorno de cuello se toma la cuarta parte y la sexta parte.

3.3. Modelos y Característica de las Blusas

Las blusas son prendas de vestir en el tronco del cuerpo en las mujeres, por lo general las blusas buscan cubrir la zona superior del cuerpo muchas pueden ser sencillas y otras tienen detalles para que la misma sea mucho más trabajadas con el fin de armar y resaltar partes del cuerpo femenino, éstas pueden variar por color, tipo de tela, diseño.

Blusas playeras

Figura 37
Blusa playera o camiseta

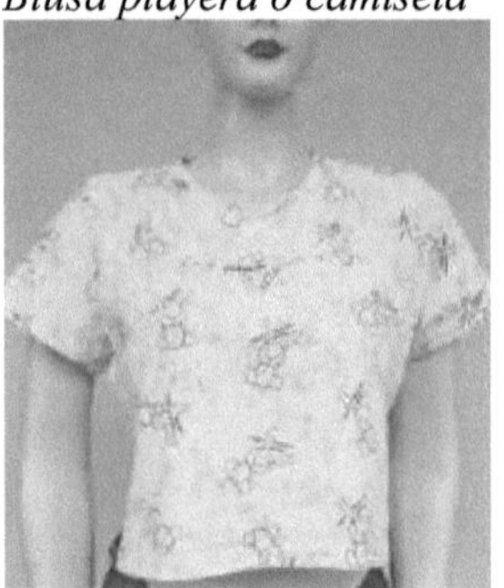

Blusas Casuales

Figura 38
Blusas casuales

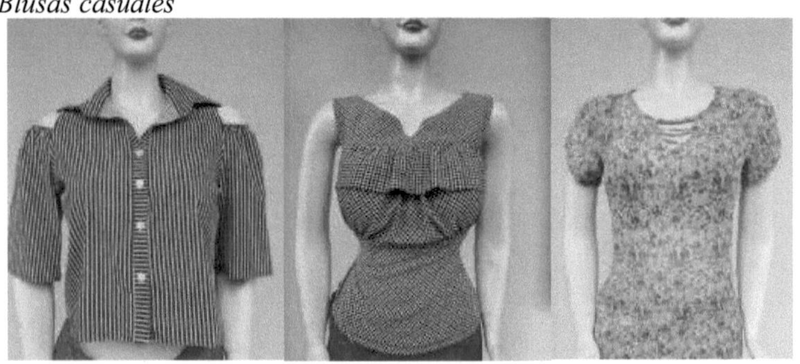

Blusas Sastre, Formales o Estilo Camisero

Figura 39
Blusas formales estilo camisero

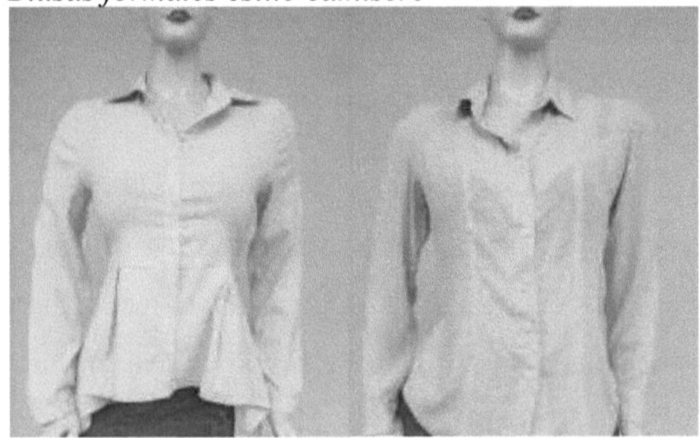

3.4. Patronaje paso a paso de la blusa básica femenina

En este apartado se explica en detalle los pasos para realizar las blusas desde el patronaje hasta la confección final.

3.4.1. Patrón delantero de blusa base.

El patrón básico delantero es la base para poder obtener la parte delantera de la blusa que se desea confeccionar. Una vez obtenidas las medidas de la manera correcta se procede a trabajar mediante los siguientes pasos.

Para realizar el patrón base se necesitarán las siguientes medidas en centímetros:

Tabla 3

Medidas para la blusa base y su división

Medida	cm.	/	Aplicación
Contorno de cuello:	36	¼	9 - 36 1/6 6
Ancho de espalda:	36	½	18
Largo de talle delantero:	44		Completa
Largo de talle posterior:	39		Completa
Contorno de busto:	90	¼	22.5
Contorno de Cintura:	65	¼	16.25
Contorno de Cadera:	105	¼	26.25
Alto de busto:	27		Completa
Distancia de Busto:	16	½	8
Alto de cadera:	22		Completa
Largo de manga	58		Completa

Nota. Aplicación de división de medidas.

Paso 1

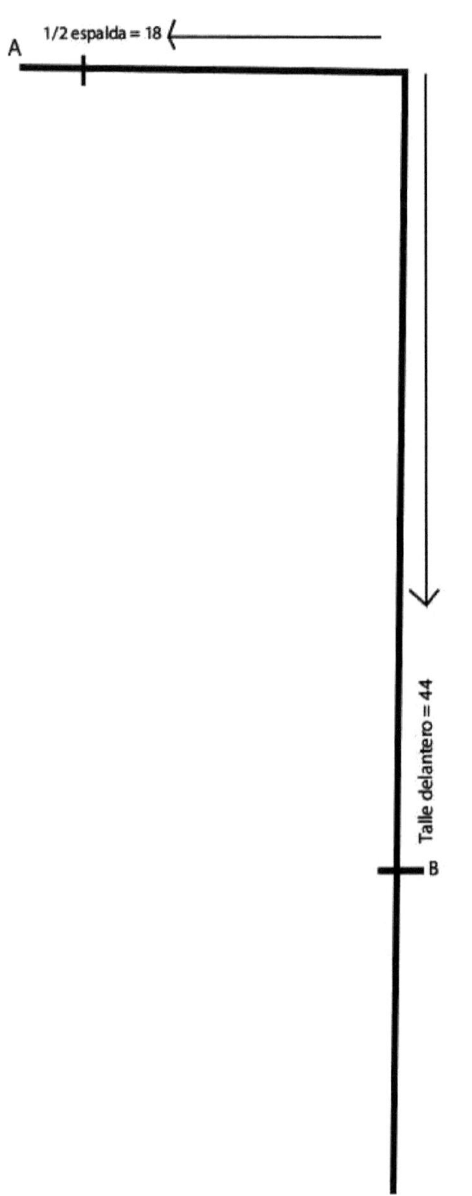

De inicio se debe realizar un ángulo base en el que la línea horizontal será la línea A y la línea vertical será la línea B.

La línea A debe tener la medida de Ancho de espalda, (La mitad de la medida ya que se está trabajando la mitad de la blusa) en este caso la medida es de 18 centímetros.

Desde el vértice hacia abajo por la línea vertical debemos tener el largo de talle delantero que en este caso son 45 cm y a este punto lo vamos a denominar línea B.

Paso 2

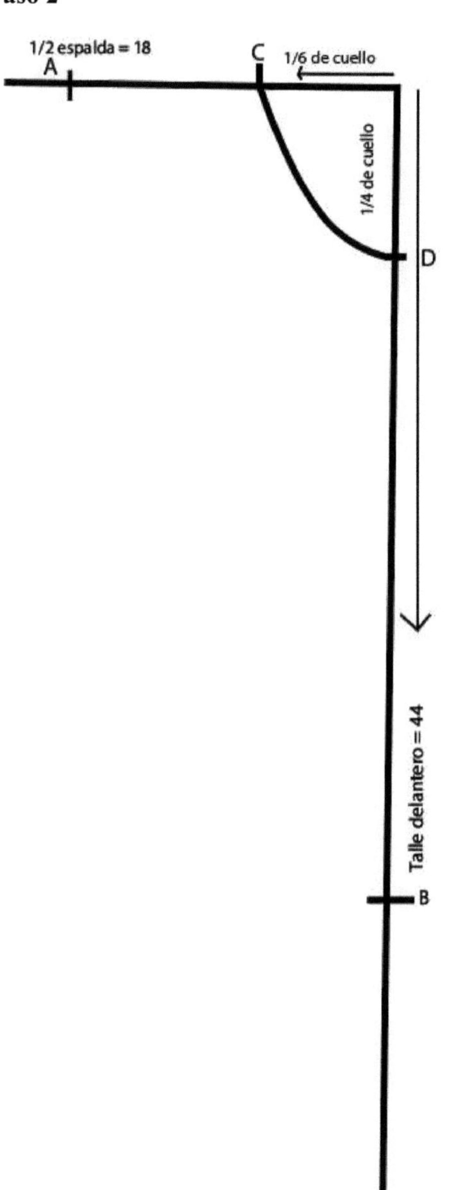

En este paso vamos a realizar el cuello:

•   Lo primero que se va a realizar en este paso es desde el vértice por la línea horizontal se debe medir la sexta de cuello en este caso son 6 cm. y ese punto le vamos a llamar punto C.

•   Desde el vértice por la línea vertical se va a ubicar la cuarta de cuello que en este caso son 9 cm. y este punto será D.

•   Siguiente paso vamos a unir con una curva el punto D y E como se ve en la imagen, esto se lo puede realizar con la regla sisómetro.

Paso 3

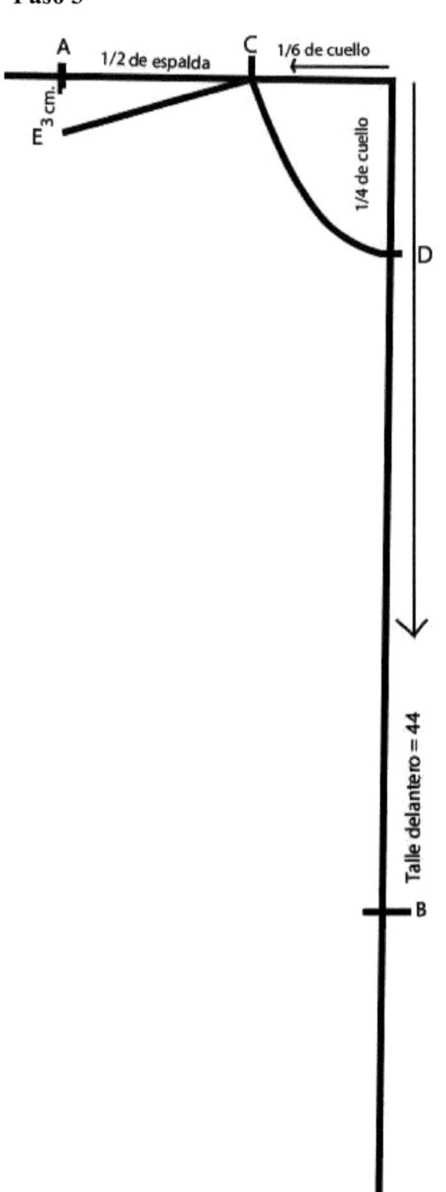

En este paso vamos a ubicar la caída de hombro.

• Desde el punto A bajamos 3 cm. los mismos que serán para la caída de hombro, ese punto será E.

• Se debe trazar una línea recta desde el punto C hasta el punto E, esta línea tiene una ligera caída, esa será la línea de hombro.

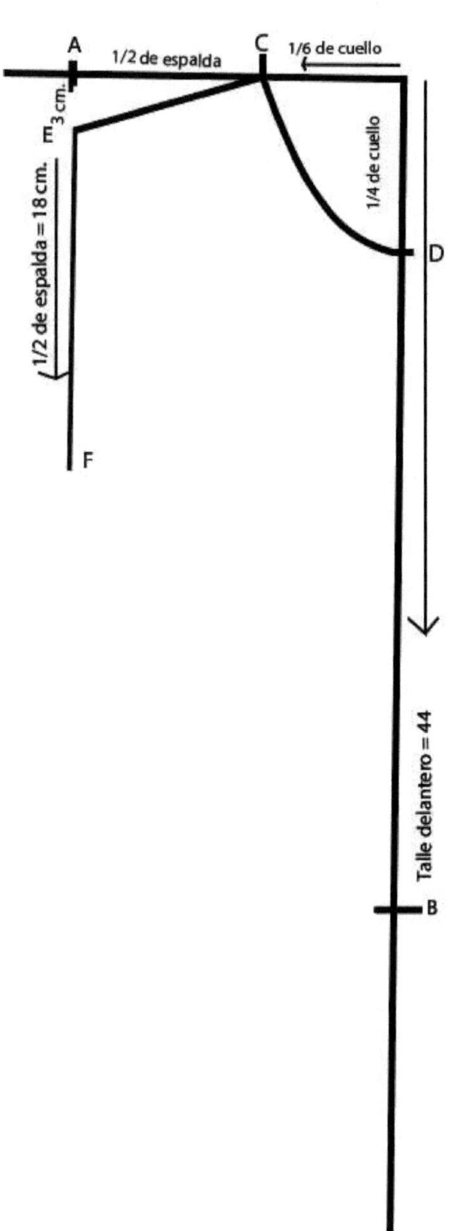

En este paso se va a realizar la línea base de la sisa, lo hacemos de la siguiente manera:

Desde el punto E realizar una línea vertical a 90° con la mitad de la medida de ancho de hombro.

En este caso como el ancho de espalda es 36 cm., aplicamos la mitad de esta medida que sería 18 cm. ya que las medidas de ancho se dividen a la mitad o por dos.

La parte terminal de la línea será el punto F.

Paso 5

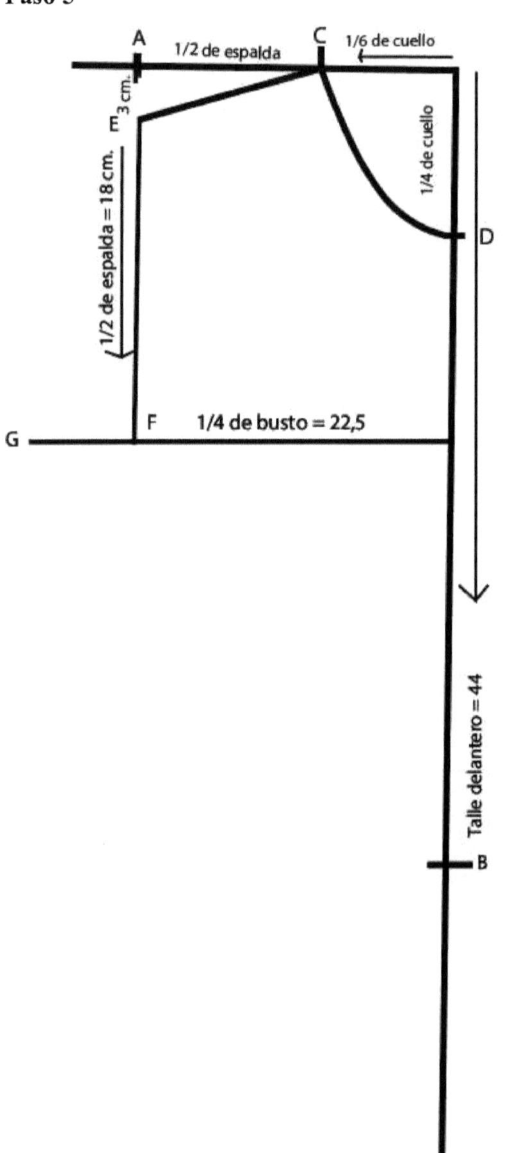

En este paso vamos a dibujar la línea de busto de la siguiente manera:

• A la altura de la línea F vamos a ubicar una línea horizontal escuadrando desde la base vertical, esta nueva línea horizontal debe tener la medida de la cuarta parte del total del contorno de busto que en este caso sería 22.5 como lo indica la tabla de medidas de la pág. 39.

• Ubicamos la cuarta parte de la medida de contorno de busto porque es medida de contorno.

• Esta línea la realizamos con la regla escuadra y el punto final de esta lía será el punto G.

Paso 6

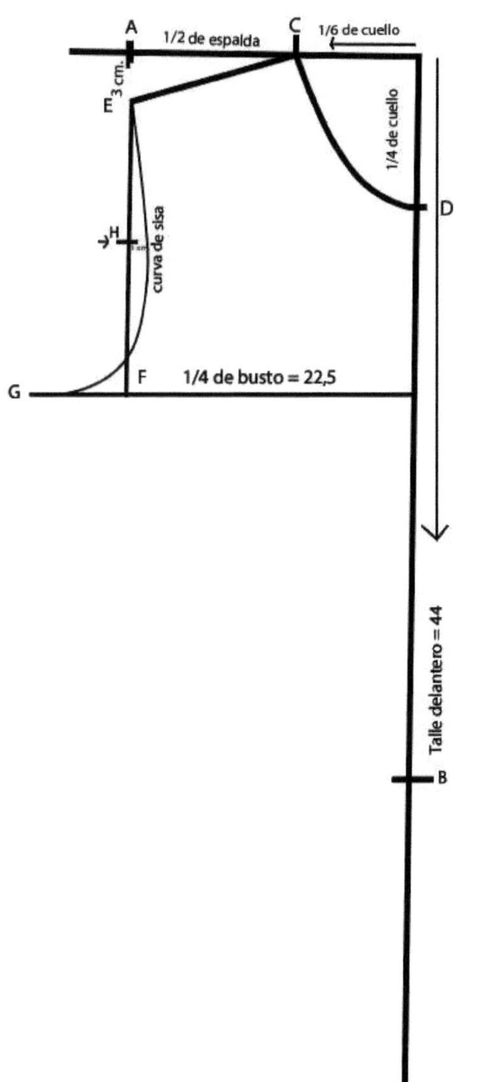

En este punto se va a continuar realizando la curva de la sisa, de la siguiente manera:

- En la línea de la sisa debemos marcar la mitad y desde ese punto ingresar 1 cm realizar una pequeña marca horizontal justo en la mitad de esta línea y este punto le pondremos como nombre punto H.

- Con el lado de la curva más profunda de la regla sisómetro realizamos una curva, desde el punto E hasta el punto G para la curva de la sisa, tal como se muestra ahí en el trazo.

- Este punto I nos va a servir como referencia para otro paso que lo veremos más adelante.

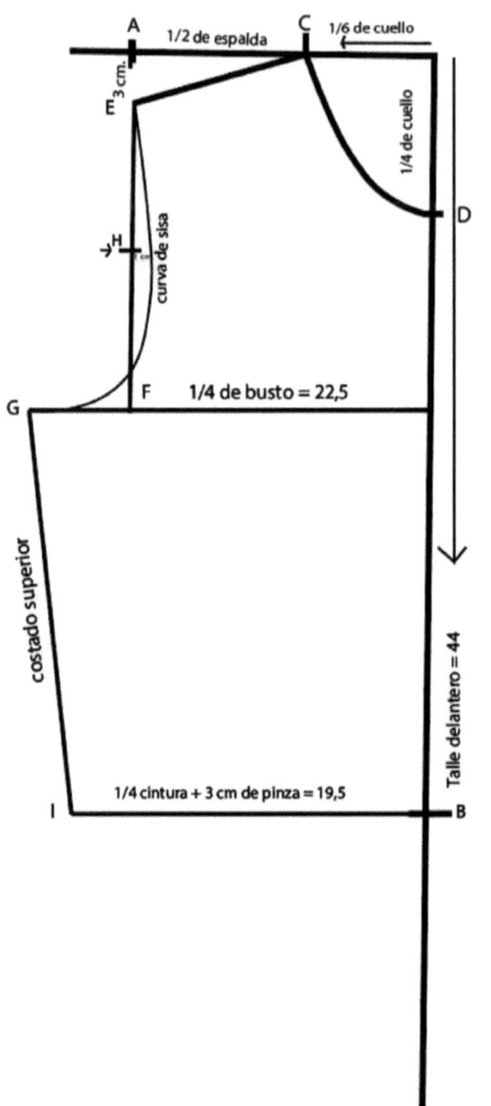

En este paso realizaremos la línea de cintura y costado superior:

- Desde el punto B dibujar una línea horizontal utilizando la escuadra desde la base vertical, en esta nueva línea debemos ubicar la medida de la cuarta de contorno de cintura más 3 centímetros que consumirá la pinza, este nuevo punto será el I.

- Para realizar el costado únase con línea recta desde el punto I hasta el punto G.

- Para hacer esta línea de costado también podemos usar curvas dependiendo de la anatomía de la persona.

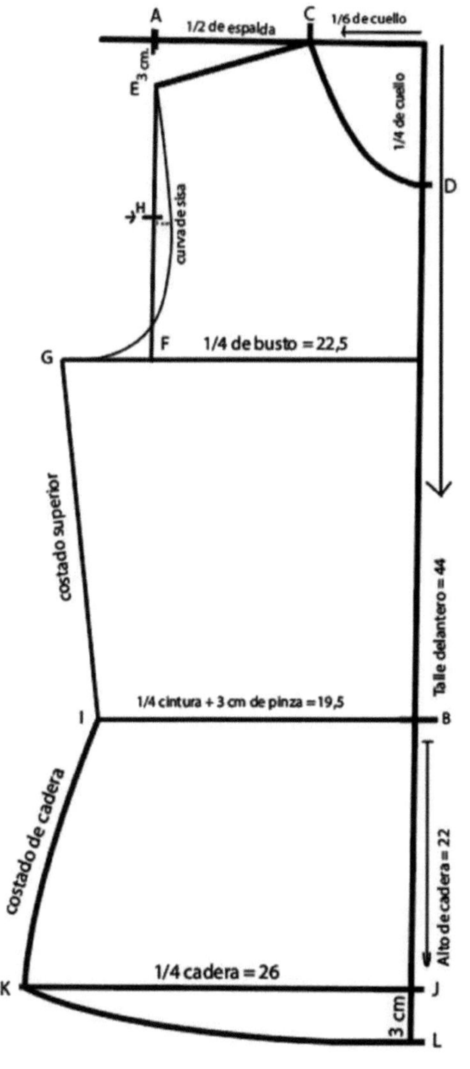

En este paso se a realizar la línea de cadera y de costado bajo, lo realizamos de la siguiente manera:

•Desde el punto J hacemos una línea horizontal escuadrando con la base vertical, esta línea debe contener la medida del ¼ de contorno de cadera, en este caso es 26.25, este punto es el K.

•Posteriormente hacemos el costado de la cadera con una línea curva, desde el punto K hasta el punto I utilizando la regla de cadera con la zona curva hacia arriba.

Desde el punto J por la base vertical medir 3 cm. Y este punto será el L que se unirá con el punto K con la zona curva de la regla de cadera.

Paso 9

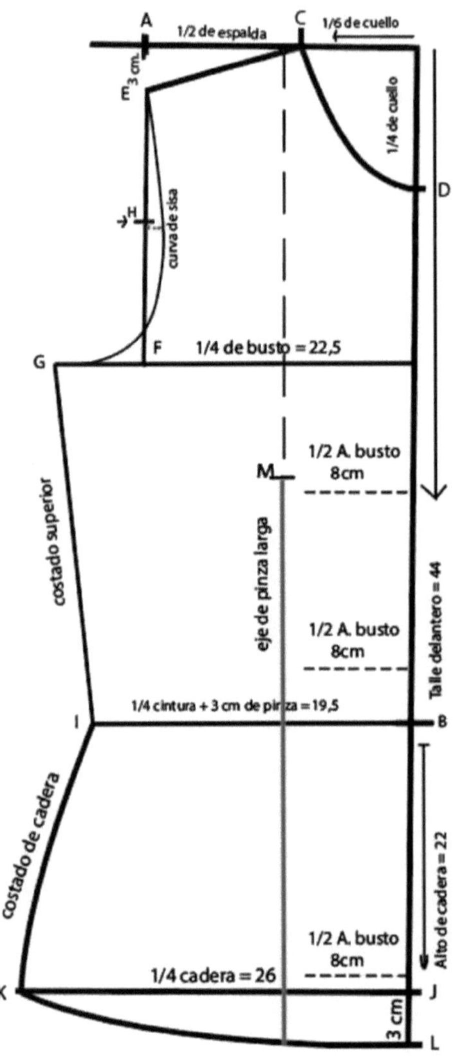

En este punto vamos a ubicar la pinza central o pinza larga, de la siguiente manera:

Situar el punto del pezón con el alto de busto y la mitad de distancia de busto.

Se debe aplicar la medida de alto de busto desde la línea base horizontal del ángulo inicial hacia abajo

La medida de ancho de busto se aplica desde la línea base vertical hacia la parte de adentro.

Este nuevo punto será el punto M y desde allí debemos trazar una línea recta vertical hacia la parte de abajo, esta línea debe estar separada de los puntos base vertical B, J y L la mitad de ancho de busto ósea que va a estar paralela a la línea base vertical.

Esta línea vertical es el eje de la pinza (línea roja).

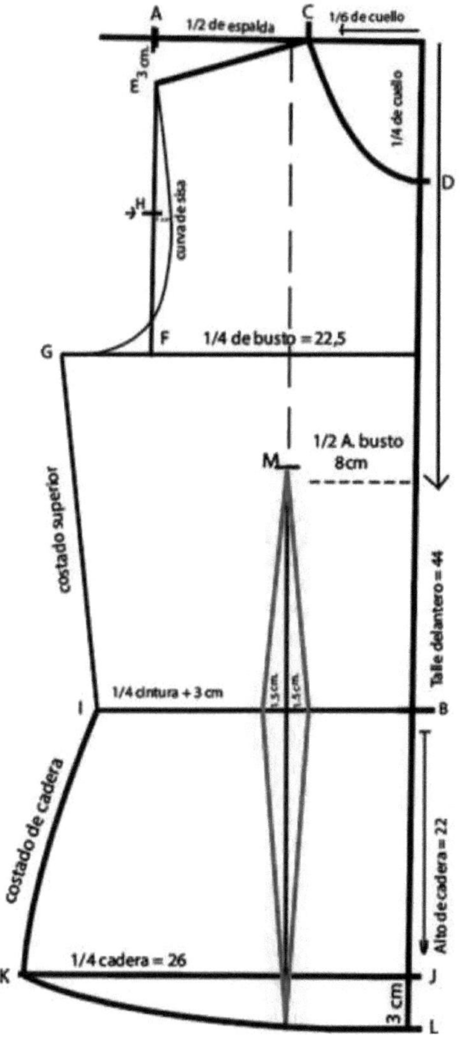

Del eje de la pinza central a la altura de línea o línea de cintura debemos dividir los 3 cm que le sumamos a la medida de la cintura y lo dividimos para dos y ese resultado es lo que vamos a marcar hacia cada lado del eje de la pinza central en la línea de cintura.

En este caso son 1.5 cm para cada lado como lo muestra las pequeñas líneas de color rojo.

Desde estas marcas unimos con línea recta hacia cada extremo de la línea eje central de la pinza como se ve en las líneas de color rojo.

Es importante que estas líneas queden proporcionadas a cada lado y terminen en punta especialmente en la zona del pezón de la blusa.

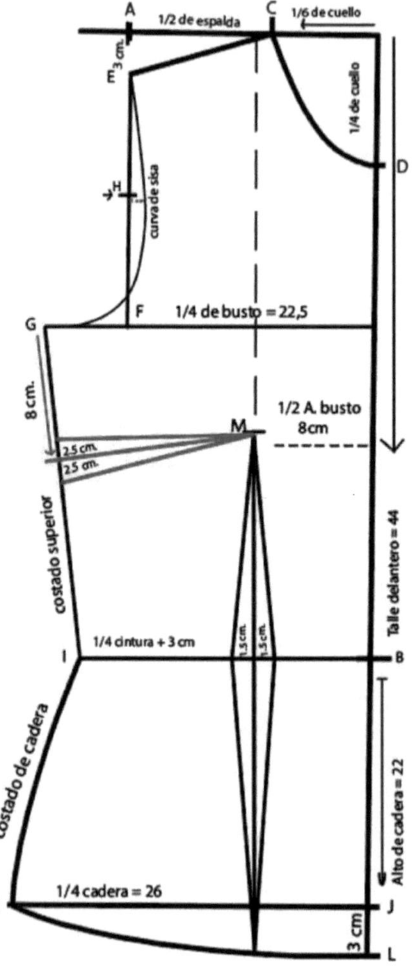

En este paso vamos a realizar la pinza de costado.

Para realizar la pinza de costado debemos de bajar desde el punto G por la línea de costado aproximadamente 8 cm (esto depende de la estura de la persona y el nivel del busto), para que ese punto sea el eje de pinza de costado, ver la pequeña línea de color rojo y se une al punto M la línea roja central.

Como siguiente paso se debe definir cuál es el ancho que debe tener esta pinza, para eso se debe restar la cantidad de cm que tiene el largo de talle delantero menos el largo de talle posterior en este caso; talle del 44 cm – 39 del talle posterior dando como resultado 5 cm que serán el ancho de esta pinza de costado.

Como el ancho de la pinza será de 5 cm entonces se debe marcar 2.5 cm para cada lado del punto del eje de la pinza.

Paso 12

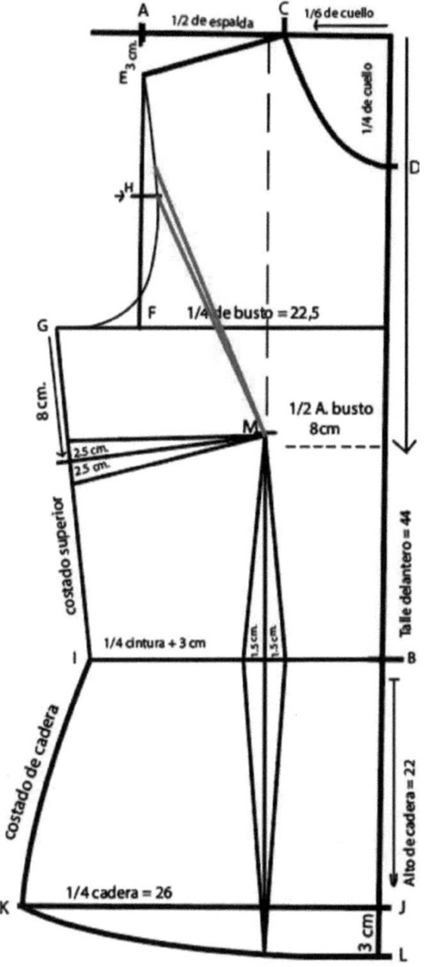

En este punto vamos a realizar la pinza de ajuste de la sisa, esta pinza es muy importante sobre todo cuando realizamos blusas, vestidos, etc. Es muy necesaria especialmente cuando se patrona ropa femenina:

Se debe trazar una línea recta desde el punto de la mitad de la sisa, hasta el punto M.

Después de la última línea, a la altura de la sisa debemos medir 1.5 cm a 45° y desde allí trazar otra línea recta hasta el punto pezón o punto M.

Cabe resaltar que esa pinza se une en el papel cuando se realice la transformación de patrones antes de llegar al proceso de corte.

Partes de un patrón base delantero

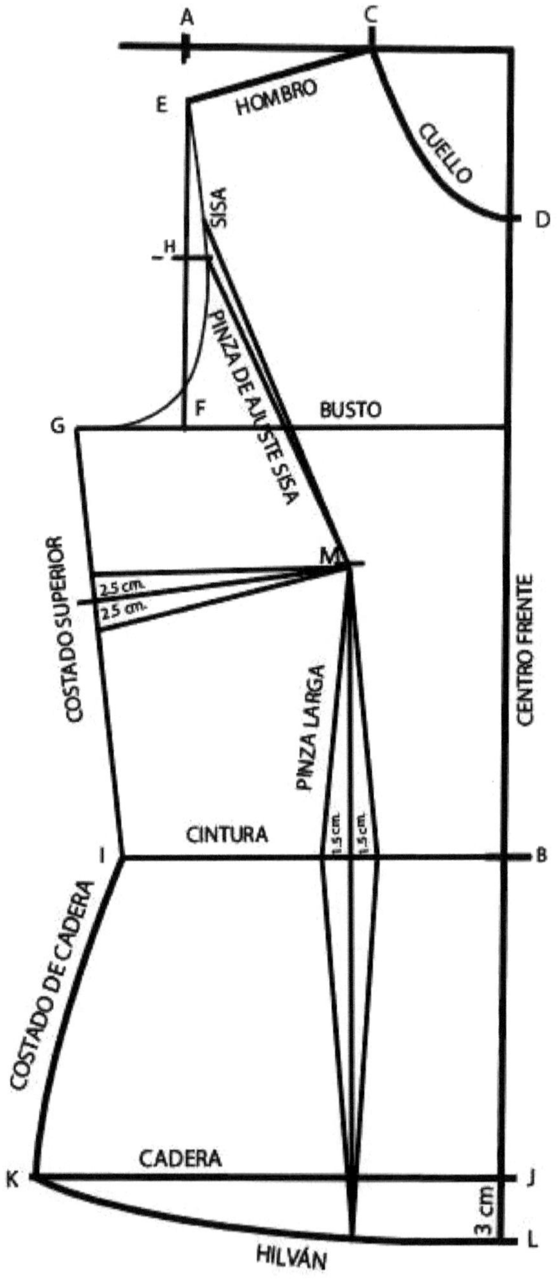

3.4.2. Patrón posterior de blusa base.

Este patrón es muy similar al delantero lo único que cambia es que al ser posterior el cuello ya no es tan profundo, el largo de talle es el posterior el que se debe usar para la construcción del mismo y en las pinzas.

Paso 1

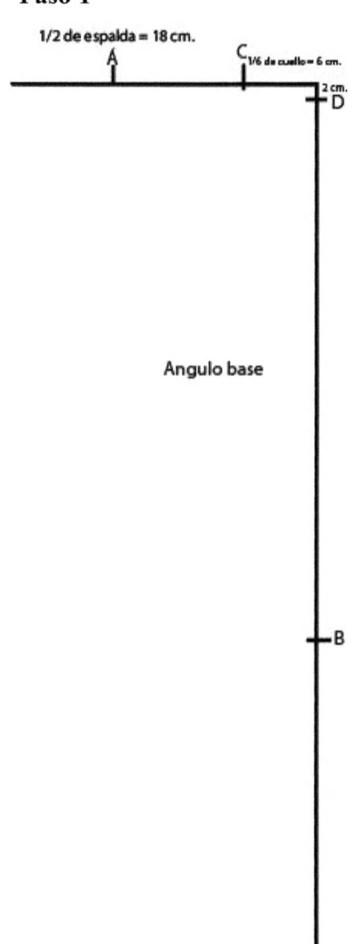

De inicio se debe realizar un ángulo base.

•	Desde el vértice hacia la línea horizontal debemos medir la ½ de espalda que en este caso es 18 cm. Y ese punto será la línea A.

•	Desde el vértice hacia abajo por la línea vertical debe tener el largo de talle posterior que en este caso son 39 cm y en ese punto se va a llamar línea B.

•	Con estos sencillos pasos ya tenemos ubicada la línea de ancho de espalda y el largo de talle.

Paso 2

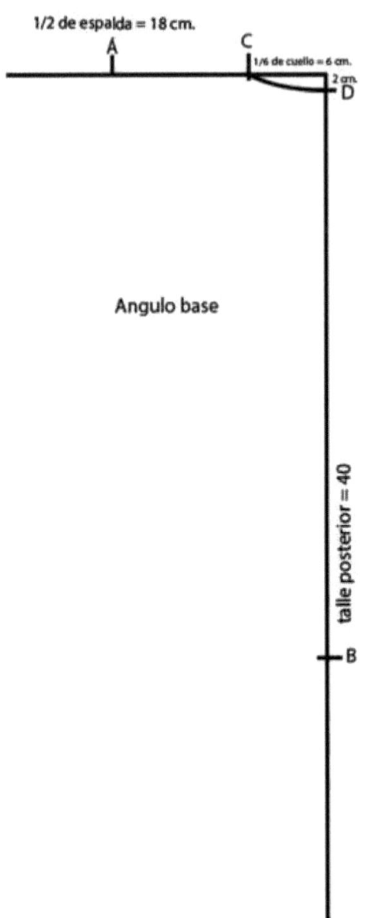

En este paso vamos a realizar el cuello:

• Lo primero que se va a realizar en este paso es desde el ángulo por la línea horizontal se debe medir la sexta de cuello en este caso son 6 cms y ese punto le vamos a llamar punto C.

• Desde el vértice por la línea vertical se va a ubicar 2 cms y este punto será D.

• Siguiente paso vamos a unir con una curva el punto C y D como se ve en la imagen, esto se puede realizar con la regla Sismómetro.

Paso 3

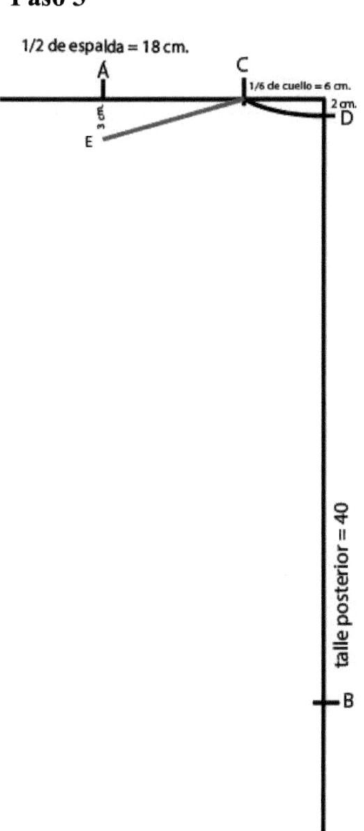

En este paso se ubicar la caída de hombro.

- Desde el punto A bajamos 3 cms, los mismos que serán para la caída de hombro, ese punto será E.

- Se debe trazar una línea recta desde el punto C hasta el punto E, y así obtendremos la línea de hombro.

Paso 4

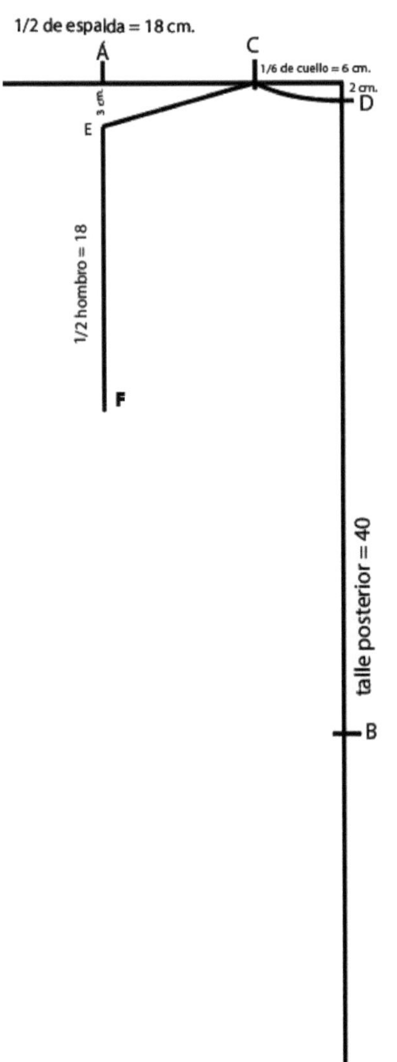

En este paso se realizar la línea base de la sisa, lo hacemos de la siguiente manera:

• Desde el punto E se debe realizar una línea vertical con la mitad de la medida de ancho de espalda.

• En este caso como el ancho de espalda es 36, aplicamos la mitad de esta medida ya que las medidas de ancho se dividen a la mitad o para dos, entonces serían 18 cm.

• Una vez realizada la línea al finalizar la misma le vamos a poner como nombre F.

Paso 5

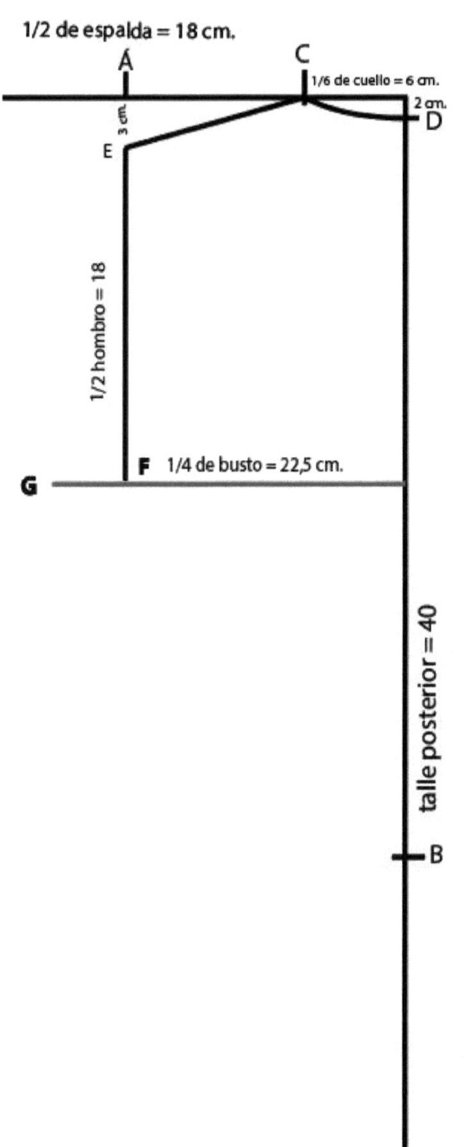

En este paso vamos a dibujar la línea de busto de la siguiente manera:

- A la altura de la línea F vamos a ubicar una línea horizontal que debe nacer desde la línea base vertical, esta nueva línea horizontal debe tener la medida de la cuarta de contorno de busto, en este caso 22,5 cm.

- Ubicamos la cuarta parte de la medida de contorno de busto porque es medida de contorno.

- Esta línea la realizamos con la regla escuadra, apoyándonos en la línea base vertical.

Paso 6

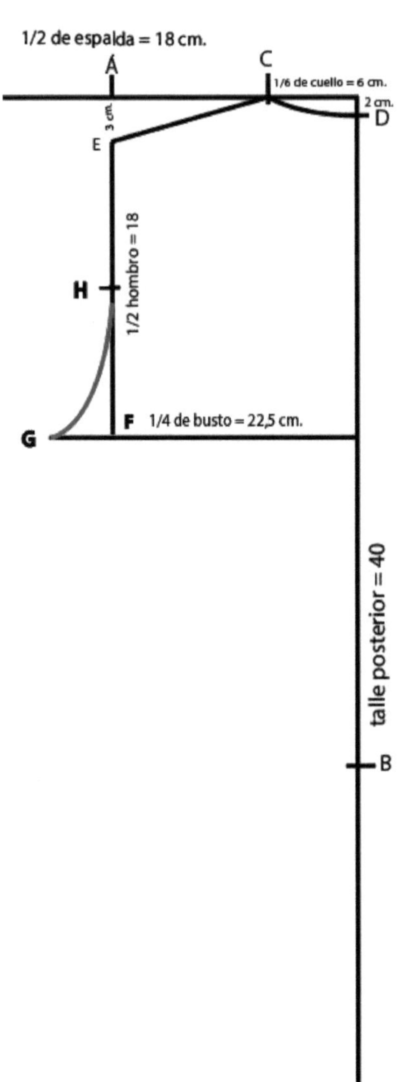

En este punto se continua con la elaboración de la curva de la sisa, de la siguiente manera:
Primero buscamos el punto medio en la línea recta de sisa y será el punto H.

Con el lado de la curva menos profunda de la regla Sisómetro realizado una curva, desde el punto H hasta el punto G.

En el caso de las sisas posteriores deben ser menos profundas que las sisas delanteras.

Paso 7

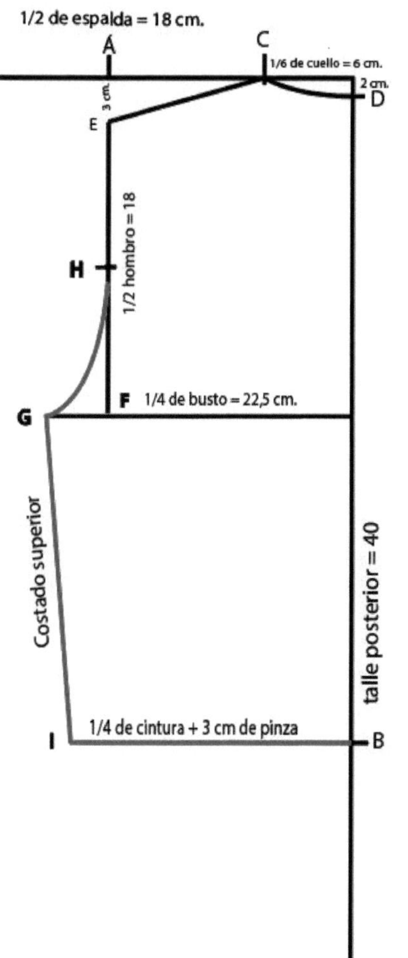

En este paso realizaremos la línea de cintura y costado superior:

- Desde el punto B dibujar una línea horizontal, esta línea se realiza utilizando la regla escuadra, esta línea debe medir la cuarta de contorno de cintura más 3 centímetros que serán los cms que va a consumir la pinza, esta línea es la I.

- Para realizar el costado únase con línea recta desde el punto I hasta el punto G (línea de color naranja).

Paso 8

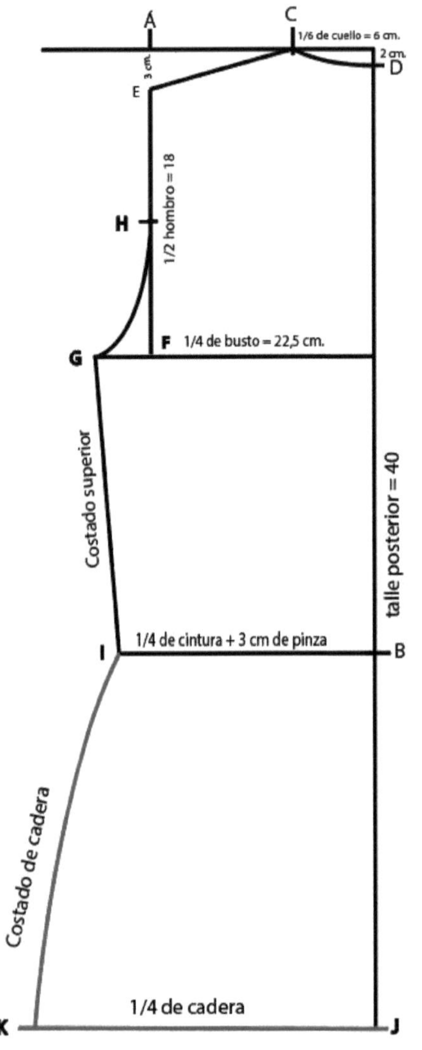

En este paso vamos a realizar la línea de cadera y de costado de cadera, lo realizamos de la siguiente manera:

- Desde el punto J hacemos una línea horizontal, esta línea debe contener la medida de Contorno de cadera, como es una medida de contorno aplicamos la ¼ ya que en este caso es 26.25, este punto es el K.

- Posteriormente hacemos el costado de la cadera con una línea curva, desde el punto K hasta el punto I utilizando la regla de cadera con la zona curva hacia arriba.

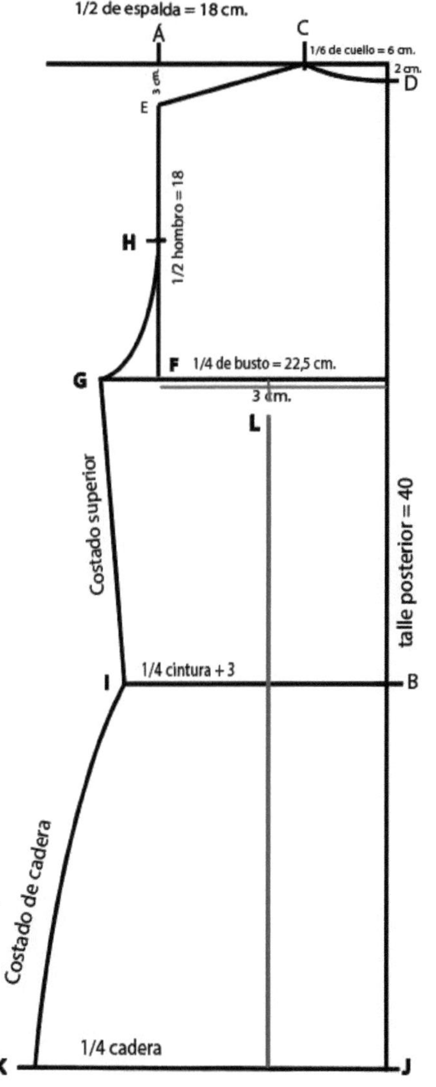

En este punto vamos a ubicar la pinza central del patrón base, la pinza para un patrón base es con líneas rectas, de la siguiente manera:

- Ubicamos el punto central en la línea de busco, considerando desde el punto F hasta la base vertical, bajamos 3 cm y ese será el punto L.

- Desde ese punto bajamos en línea recta a 90° hasta la línea de cadera.

- Esta línea vertical que recién hemos dibujado será el eje de la pinza.

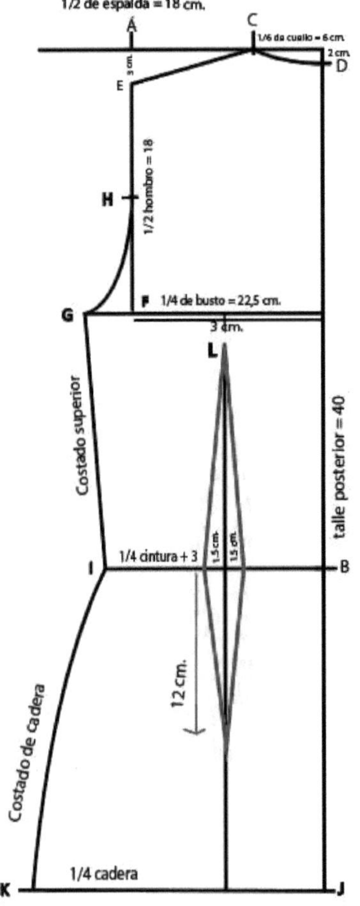

Del eje de la pinza central a la altura de línea B o línea de cintura debemos dividir los 3cm que le sumamos a la medida de la cintura y lo dividimos para dos y ese resultado es lo que vamos a marcar hacia cada lado del eje de la pinza central en dicha línea.

En este caso son 1.5 cm. para cada lado como lo muestra las pequeñas líneas de color rojo.

Desde estas marcas unimos primero hacia el punto L con línea recta, y hacia abajo a 12 cm. de largo como se muestran las líneas de color rojo en la imagen.

Es importante que estas líneas queden proporcionadas a cada lado y terminen en punta especialmente en la zona del pezón.

Partes del patrón base posterior de blusa femenina

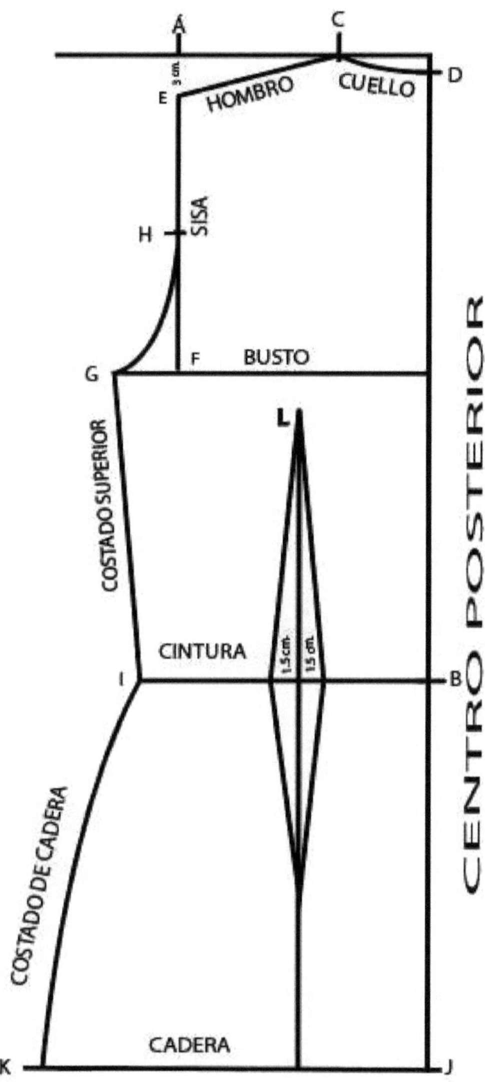

3.4.3. Transformación de la parte delantera

En este paso debemos agregar un margen de costuras y de ahí recortar el patrón base del papel para desaparecer las pinzas que son de ajuste y realizar la transferencia al textil para en lo posterior proceder al corte.

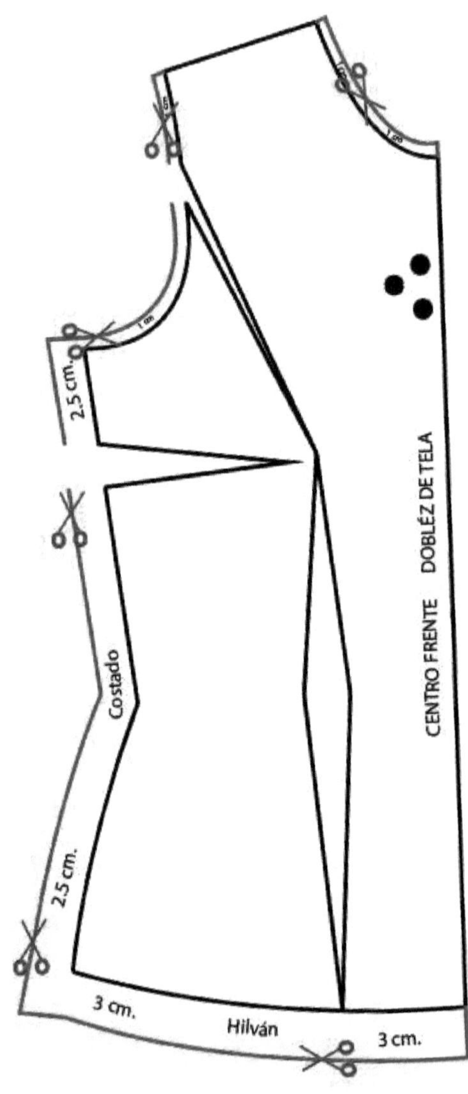

3.4.4. Suprimir pinzas de ajuste.

Antes de agregar los márgenes de costuras, se debe suprimir las pinzas en el papel para este sencillo paso podemos utilizar goma en barra, las pinzas que se deben perder son la de costado y la de ajuste de la sisa y la pinza más larga se debe recortar para que de esa forma sea posible transferir al textil.

Tabla 4

Forma de suprimir las pinzas de ajuste básicas

Paso 1	Paso 2	Paso 3
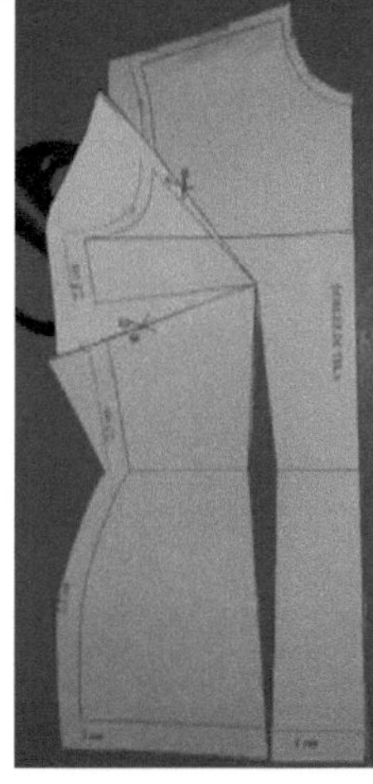	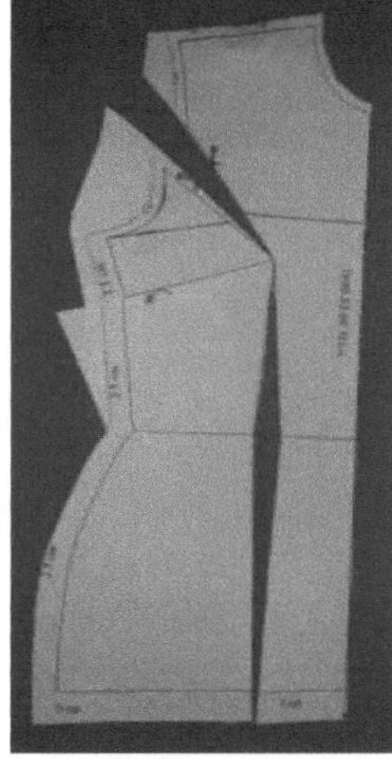	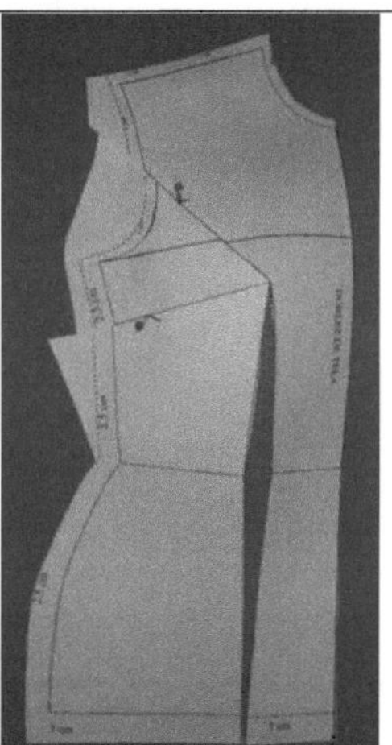
Para este primer paso debemos realizar un corte con la tijera hasta 1 mm. Cerca del punto pezón, en uno de los extremos de la pinza de ajuste de sisa y la pinza de costado.	Procedemos a pegar utilizando goma en barra haciendo que los laterales de la pinza queden alineados uno sobre otro, si nos queda un desfase se debe corregir con una regla recta eliminando el desfase y desde alli ubicar las costuras.	Repetimos la eliminación de la pinza de sisa tal como en la pinza de costado y nuevamente corregimos la línea eliminando el desfase, para esta parte podemos utilizar la regla sisómetro y nuevamente desde la corrección ubicar costuras.

3.4.5. Proceso de Corte del patrón posterior

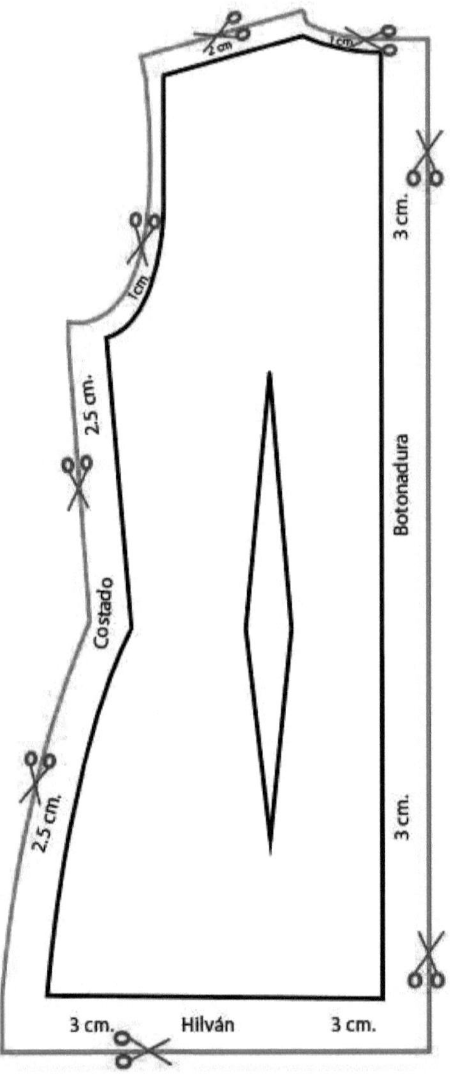

Este molde es presentado considerando que la botonadura es en la parte posterior, la pinza es completamente recortada en el papel, para que sea mucho más fácil de transferir a la tela. Como se muestra en la imagen en la parte centro posterior debe tener los 3 cm. al igual que el hilván, el costado se ubica 2,5 cm. y también se debe agregar a los hombros 2 cm. ya que en la parte delantera no se agrega con este método.

3.4.6. Uso de refuerzos

La utilización de los falsos o refuerzos son indispensables al momento de realizar el acabado en ciertos bordes específicos como, escotes, bolsillos, pretinas, etc. Esta técnica es muy útil no solamente para mejorar la parte estética de las prendas de vestir sino también para hacerla de calidad y más durable.

Figura 40
Uso de refuerzos

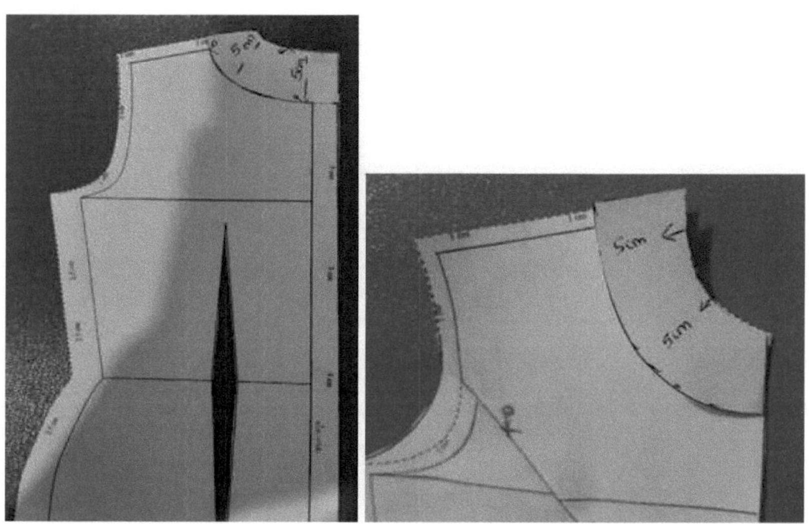

3.5.　　Variación de escotes

Escote redondo

Es un escote muy sencillo y favorecedor para la mayoría de los cuerpos, sobre todo para mujeres con un pecho generoso, ya que al ser poco profundo lo disimula muy bien. Alarga ópticamente el cuello. También está recomendada para mujeres con cara alargada u hombros caídos.

Figura 41
Escote redondo

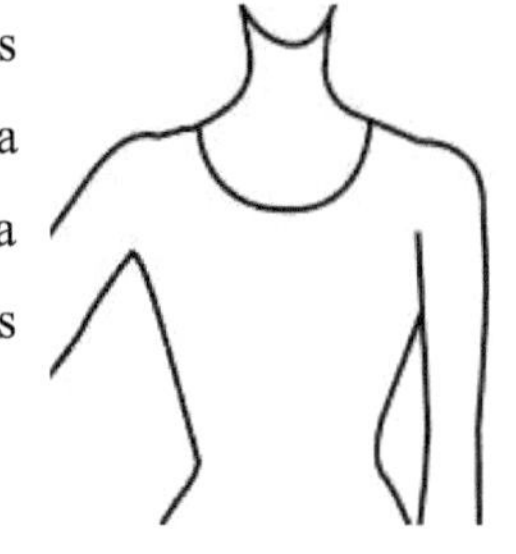

Escote francés o cuadrado

Da sensación de volumen, así que es ideal para mujeres con pecho pequeño. Hace el cuerpo esbelto y alargado. Sujeta muy bien los bustos generosos. También estiliza a las mujeres con cara redonda, cuello ancho o cuerpo en forma de pera. Tiene como contras que ensancha la zona de los hombros y puede acortar el cuello.

Figura 42
Escote Francés

Escote en V o halter

Es un escote profundo en forma de V que va sujeto a la parte de atrás del cuello. Marca un estilo sensual, ya que deja descubierta la espalda, hombros y brazos. Es un escote muy favorecedor para bustos de todas las tallas, especialmente las que tienen un pecho mediano, y las mujeres con brazos normales o finos. Este tipo de escote alarga el cuello y realza los hombros.

Figura 43
Escote V

Escote corazón

Este estilo de escote crea en el área del pecho las dos curvas de la parte superior de un corazón, dejando descubiertos los hombros. Da un balance perfecto a la silueta femenina, llevando la atención a la parte superior del vestido y visualmente alarga la cara.

Figura 44
Escote corazón

Escote bandeja

Es uno de los escotes más discretos y disimula imperfecciones
de la piel tipo manchas o pecas. Va en línea semi-redonda, de
hombro a hombro, muy cerca del cuello. Puede ser más cerrado
o abierto, mostrando más o menos los hombros. Este tipo de
escote favorece a mujeres con cuellos normales y largos. Realza
el busto, así que es ideal para mujeres con pecho pequeño o
mediano.

Figura 45
Escote bandeja

3.6. Cuellos y solapas

Cuello sport o camisero

Este es un cuello que da apariencia de seriedad en las pendas de
vestir, para darle una estética un poco más casual y/o formal que
termina en puntas en cada extremo del cuello.

Figura 46
Cuello sport o camisero

Cuello Mao

Cuello ligeramente alto –formado por una tirilla recta cortada a
contrahílo para que no ceda– y abotonado delante. Estuvo de moda en
los años sesenta, primero en Londres y enseguida se adoptó en París
como prenda femenina.

Figura 47
Cuello Mao

Cuello cisne

Cuello de cisne, cuello alto o cuello alto vuelto es un tipo de cuello
ceñido, redondo y alto que se dobla cubriéndolo en las prendas de
vestir, por lo general en suéteres, que se utiliza también como
adjetivo de la prenda de vestir en sí.

Figura 48
Cuello cisne

Solapa Marinera

Se llama solapa a la prolongación del abrigo, chaqueta o traje que
se vuelve sobre el pecho por encima de los botones y se extiende
alrededor del cuello. ... Presentan una hendidura en el lugar en que
comienza el cuello. Son utilizadas en chaquetas y abrigos que no se
cruzan.

Figura 49
Solapa Marinera

3.7.   Mangas

Manga francesa

Lo mejor de esta manga, interrumpida de manera delicada coincidiendo
con la articulación, es que aporta un toque ultrafemenino al outfit.
Algunas firmas añaden bordados, estampados, hilos metalizados,
descosidos, piedras, abalorios.

Figura 50
Manga Francesa

Figura 51
Manga bombacha

Manga bombacha

Caracterizada por su corte amplio y
fruncido en el puño es uno de los cortes que
más h a evolucionado con el paso del tiempo.

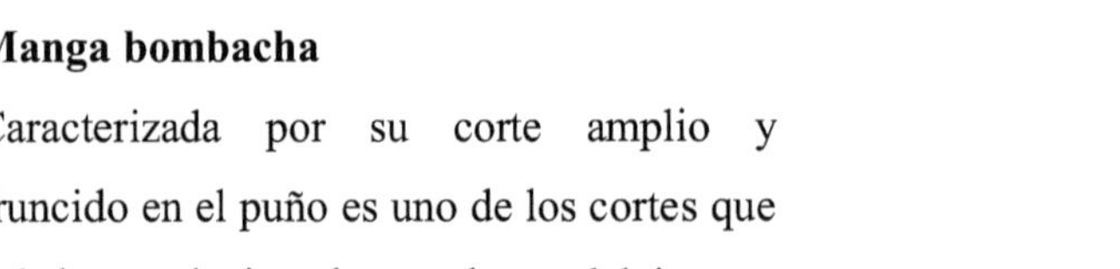

Manga de camisa

Una manga de camisa tradicional suele hacerse de una pieza y se acaba con costura francesa o cargada que oculte todos los bordes cortados. La manga de la camisa no es muy difícil de hacer.

Figura 52
Manga de camisa

Manga kimono

Abrigos vestidos o chaquetas se dejan seducir por el volumen de esta manga. En versión larga, hasta la muñeca, o cortada al codo; la clave está en el movimiento que otorga a la silueta gracias a su corte trapecio.

Figura 53
Manga Kimono

Manga Tulipán

Esta delicada manga inspirada en la flor del tulipán tiene un pequeño fruncido en el hombro y posee un corte que da armonía a su forma de flor. Ideal en vestidos y blusas.

Figura 54
Manga tulipán

Manga disco

Esta manga se caracteriza por su amplia caída y volumen, su corte se realiza en disco al igual que la falda disco, muy delicada y femenina al momento de lucir con blusas y vestidos.

Figura 55
Manga bombacha

3.8.   Puños

Puño de Camisa

Una camisa tradicional de sastre tiene el cuello y los puños de tela más rígida, lo que da la apariencia esmerada. Se pueden usar entretelas termofusibles.

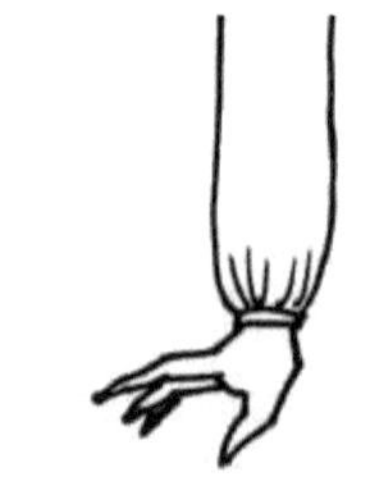

Figura 56
Puño de camisa

Puño de banda

Este puño suele ser adecuado para magas hechas de telas elásticas, se desliza por el brazo y no requiere de aberturas. Para sudaderas se encuentran en el comercio puños de tejido elástico de muchos colores

Figura 57
Puño de banda

Puño francés

El puño francés o doble se dobla sobre sí mismo y se brocha con gemelos en lugar de botones. Se hace igual que el normal, pero los bordes quedan juntos en lugar de superponerse.

Figura 58
Puño francés

Puño de volante

Algunos de estilos requieren un acabado más fluido en la muñeca, puede ser con dobladillo, con un acabado fino con zigzag.

Figura 59
Puño de volante

3.9. Faldas

3.9.1. Concepto

La falda es una prenda de vestir que cuelga de la cintura y cubre las piernas, al menos en parte. Tiene sus pares en prendas usadas históricamente por el hombre y la mujer, como la pollera, el manteo, la saya o la basquiña. Fabricada en diferentes tejidos, suele presentar forma cilíndrica o troncocónica, y a diferencia de los pantalones no está dividida. Por extensión, se denominan también faldas o faldones a las telas que cuelgan de la mesa camilla o de las cunas.

3.9.2. Tipos de faldas

Falda línea A
Figura 60
Falda línea A

La falda línea A tiene forma acampanada y se va ensanchando desde la cintura; formando un triángulo. Podemos verla tanto en minifaldas como en faldas largas. Su origen se remonta a los años 50 con el New Look creado por Christian Dior (Seas, s.f.).

Falda tubo

Figura 61
Falda tubo

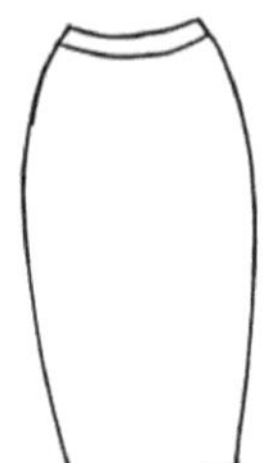

Tal como su nombre lo indica, la silueta de esta falda se asemeja a un tubo, ajustada en los lados y generalmente con largo hasta la rodilla. También tiene una ranura en la parte posterior para facilitar el caminar (Desc, s.f.).

Falda de tablones encontrados

Figura 62
Falda de tablones encontrados

Al igual que el acordeón, su característica principal es que se compone de pliegues, los cuales en este caso siguen la forma de una caja, con una longitud mucho más corta que la anterior.

La falda asimétrica

Figura 63
Falda asimétrica

Este tipo de faldas se caracterizan por tener los lados tanto derecho como izquierdo desiguales, sea de tamaño, cortes, etc.

Faldas de capas

Figura 64
Falda de capas

Esta falda tiene una base línea A que da lugar a aplicar sobre la misma capa que dan un aspecto agradable.

Falda sirena

Figura 65
Falda sirena

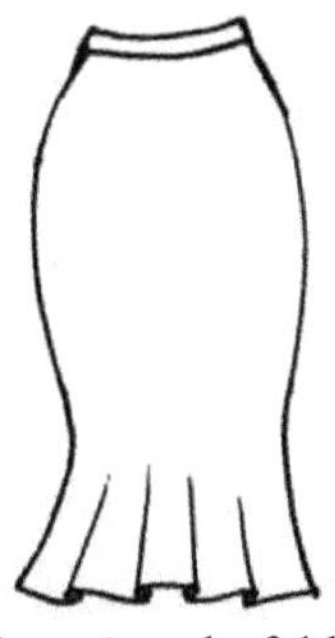

Este tipo de falda de mujer es ideal para mujeres con curvas pronunciadas. Muy elegante para fiestas de noche, lo aconsejable es vestirla en materiales con buena caída y un poco elásticas para que no limiten tu movilidad (INARKADIA BILBAO, 2015).

3.9.3. Patronaje de la falda base

Medidas

Las medidas que se deben utilizar para la falda básica son las siguientes, en este caso se muestra un ejemplo para el ejercicio del patronaje:

Tabla 5

Medidas para patronar la falda básica

Medida	Cm.	/	Coeficiente
Contorno de cintura	66	¼	16,5
Contorno de cadera	104	¼	26
Alto de cadera	22		
Largo total	50		

3.9.3.1. Construcción del patrón posterior de la falda base

Paso 1

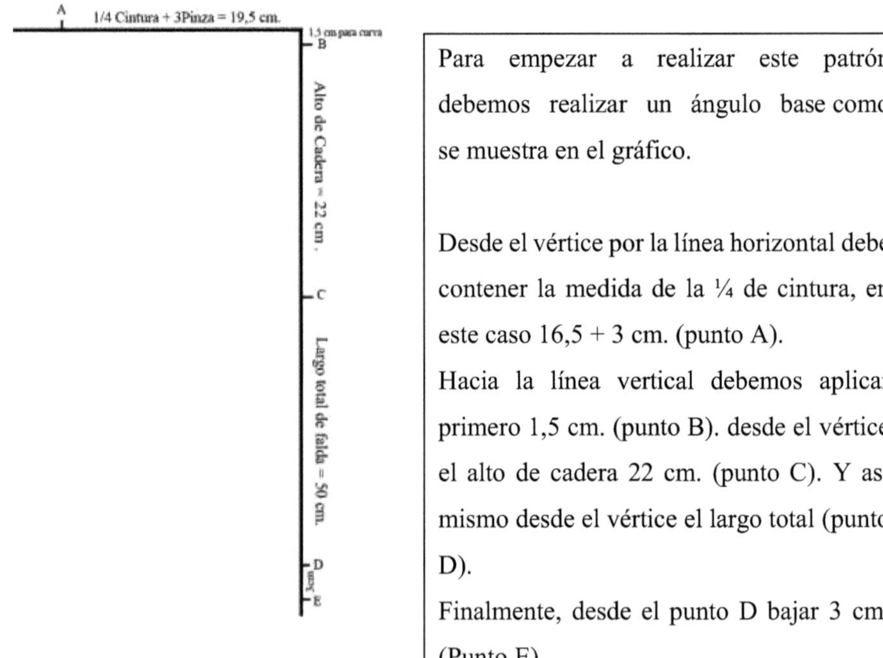

Para empezar a realizar este patrón debemos realizar un ángulo base como se muestra en el gráfico.

Desde el vértice por la línea horizontal debe contener la medida de la ¼ de cintura, en este caso 16,5 + 3 cm. (punto A).

Hacia la línea vertical debemos aplicar primero 1,5 cm. (punto B). desde el vértice el alto de cadera 22 cm. (punto C). Y así mismo desde el vértice el largo total (punto D).

Finalmente, desde el punto D bajar 3 cm. (Punto E).

Paso 2

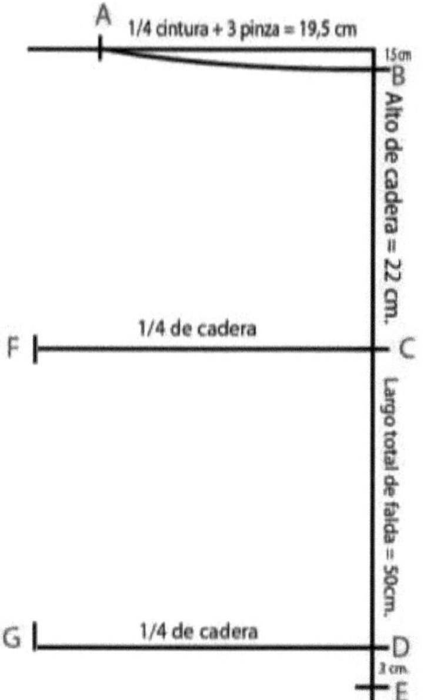

En este paso realizaremos las líneas para las medidas horizontales.

Primero desde el punto B uniremos con línea curva con el punto A.

Desde el punto C trazamos una línea horizontal escuadrada con la base vertical, en esta línea debe contener la ¼ de cadera que es 26 ese punto será el F.

Desde el punto D también trazamos una línea horizontal con la medida de ¼ de cadera y le pondremos punto G.

Paso 3

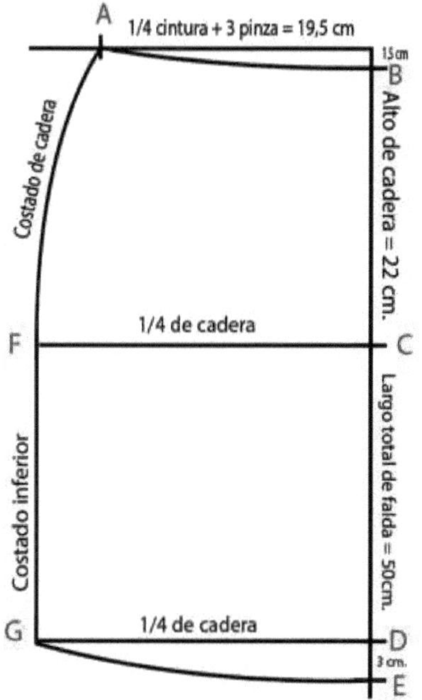

En este paso vamos a realizar El costado de la falda y ajuste de largo:

Trazamos con línea recta del punto G al punto F. Y desde el punto F al punto A trazamos con línea curva.

Por lo consiguiente unimos con curva desde el punto F al G tal como se muestra en el gráfico.

Paso 4

En este paso vamos a realizar la pinza de la parte posterior, ya que en la parte delantera en básicos no se recomienda pinzas a menos que se trate de algún diseño en específico, lo realizamos de la siguiente manera:

Desde el punto vértice hacia el punto A medimos la mitad de ese espacio es decir 19,5/2 = 9,75 (lo podemos redondear al inmediato inferior en este caso) 9,5 a aplicar.

Ese nuevo punto será el eje de la pinza (punto H). Del cual escuadramos hacia abajo desde la línea de cintura debe medir de largo 12 cm. (estándar).

Y finalmente desde esa línea en la línea de cintura (línea curva) debemos medir para cada lado 1,5 cm. que sumados nos darán los 3cm. de pinza (medida que le aumentamos a la cuarta de cintura en el inicio).

Finalmente, esos dos nuevos puntos lo unimos con línea recta hacia la punta inferior del eje de la pinza.

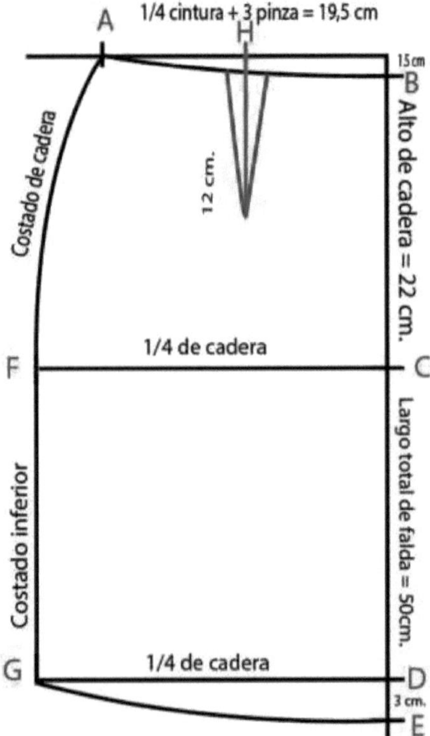

3.9.3.2. Construcción del patrón base de la falda parte delantera

Para realizar el patrón de la falda base parte delantera debemos de seguir los mismos pasos que en la parte posterior, la única diferencia en este caso es que no se debe ubicar pinza ni ajuste de largo de falda.

Paso 1

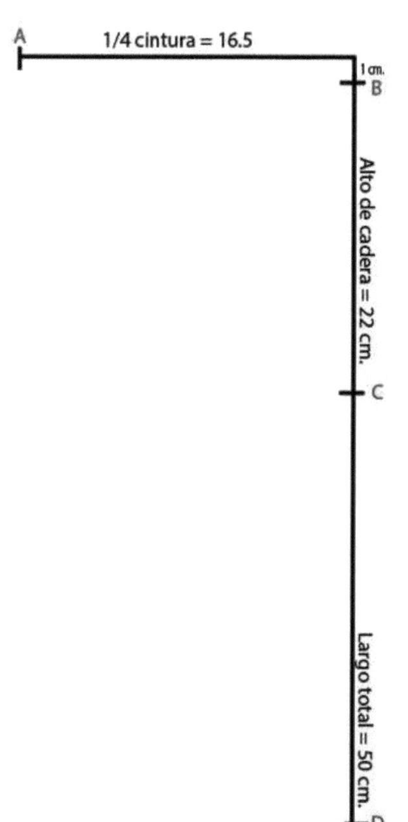

Iniciamos realizando un ángulo base con la regla escuadra, después empezamos a ubicar los centímetros de la siguiente manera: Desde el vértice por la línea horizontal aplicamos ¼ de contorno de cintura en este caso 16,5 cm (punto A).

Del vértice hacia abajo aplicamos 1 cm para la curva de cintura (punto B).

Del vértice aplicamos el alto de cadera, en este caso 22 cm. (punto C).

Y finalmente desde el vértice aplicamos el largo total 50 cm. (punto D).

Paso 2

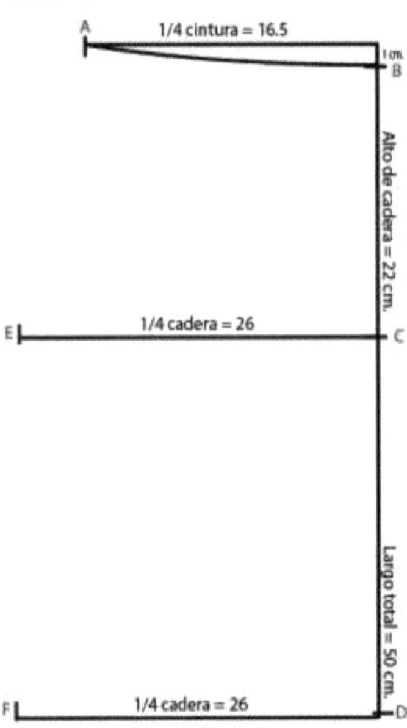

En este paso realizaremos las líneas para las medidas horizontales.

Primero desde el punto B uniremos con línea curva con el punto A.

Desde el punto C trazamos una línea horizontal escuadrada con la base vertical, en esta línea debe contener la ¼ de cadera que es 26 ese punto será el F.

Desde el punto D también trazamos una línea horizontal con la medida de ¼ de cadera y le pondremos punto G.

Paso 3

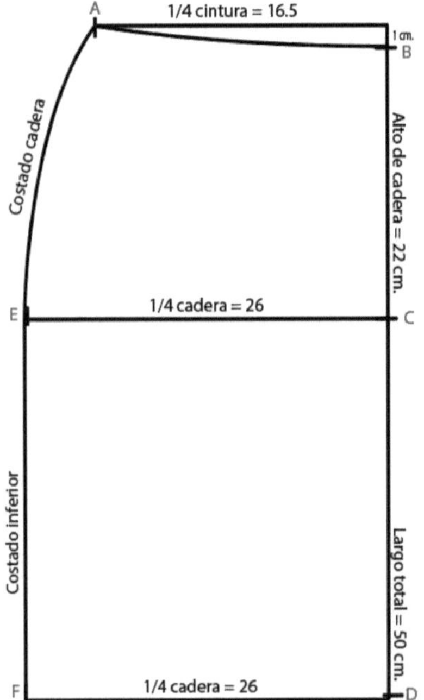

En este paso realizaremos el costado.

Primero desde el punto F debemos unir con línea recta del punto F al punto E.

Posteriormente del punto E al punto A con la regla de cadera, debemos utilizar la curva externa superior con la parte hacia arriba.

Y así obtenemos el patrón base parte delantera.

En este caso no hacemos ni pinza ni corrección de largo de falda por que en la parte delantera no hay glúteos.

3.9.4. Moldes de falda y márgenes de costura

Molde con márgenes de costura – patrón posterior de la falda básica.

Molde con márgenes de costura – patrón delantero de la falda básica.

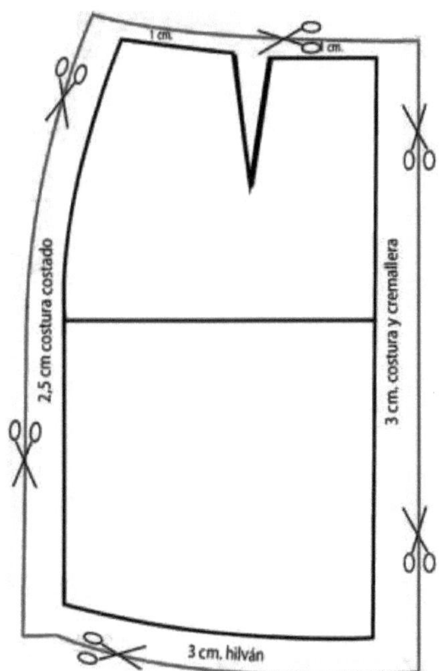

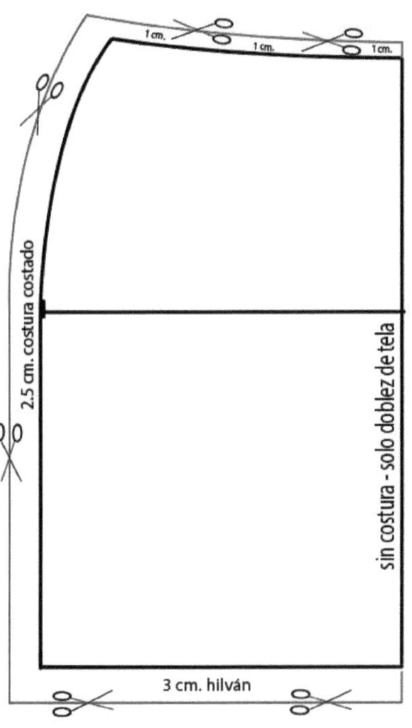

Este gráfico nos muestra cómo debe de estar preparado el molde del patrón delantero para realizar el corte, se muestran las costuras que debe llevar en cada lado, la curva de la cintura debe tener un margen de costura de un centímetro el mismo sirve para realizar el acabado sea si llevará pretina o refuerzo (pretina oculta). El margen de costura del costado debe ser de 2,5 cm. cuando se está trabajando en telas planas no stress, el mismo margen de costura que tenga el patrón delantero debe tener el posterior.

El hilván debe realizarse de 3 o 4 cm cm para un mejor acabado, y realizarse a mano.

La parte central (línea vertical base) al momento de cortar debe tener dobles de tela.

3.10.   Patronaje de manga básica femenina paso a paso.

Para el patronaje de la manga base de prendas casuales femeninas debemos de tener las siguientes medidas:

Tabla 6
Medidas para el patronaje de manga base

Medidas	Centímetros	Medida a aplicar	Observación
Largo de manga	58 cm.	Completa	Medida tomada directamente de la persona.
Sisa	42 cm.	21 cm.	Esta medida se obtiene de las sisas de la blusa de la parte delantera y la parte posterior, sin tomar en cuenta las costuras. Estas dos medidas se suman y como es una medida de ancho se divide para 2. $20,5 + 21,5 = 42/2 = 21$
Ancho de puño	22 cm	11 cm.	Se divide para 2.

Paso 1

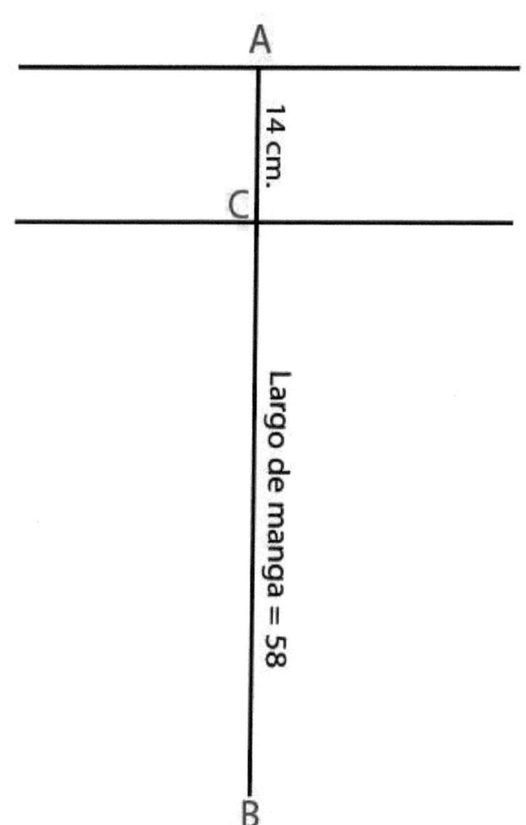

Para realizar la manga base tenemos que realizar una T escuadrada, esta intersección será el punto A.

Desde el punto A hacia la línea vertical se debe medir el largo de manga en este caso 58 cm. ese punto es el B.

Para el próximo paso dibujaremos la cabeza de manga, para ello debemos medir desde la línea A por la línea vertical en este caso 14 cm.

Para tallas estándar se deben utilizar 14 cm. Sin embargo, cuando se confeccionan mangas para personas con mayor volumen de grasa en los brazos, es necesario reducir esta medida.

Paso 2

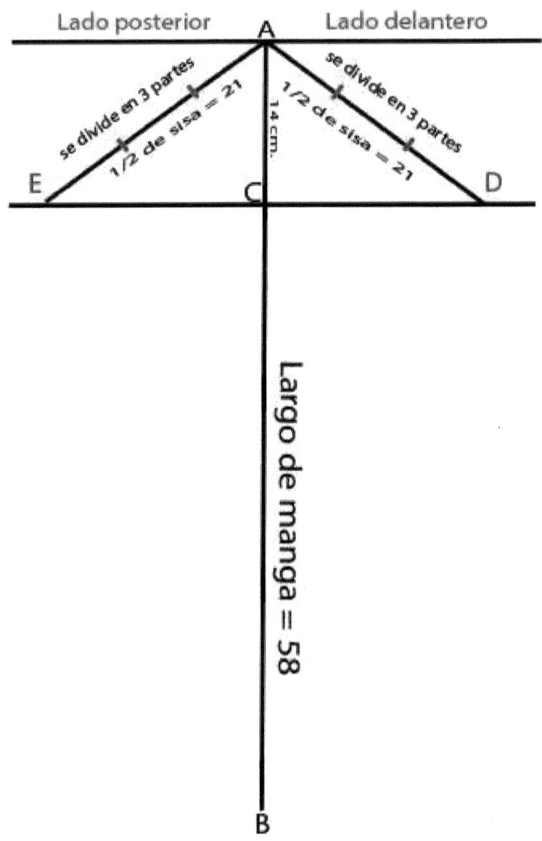

En este paso vamos a ubicar dos líneas diagonales tal como lo muestra la imagen estas líneas deben inclinarse de manera que la mitad de sisa queden exactas con la línea A y la línea C, y a cada nueva intersección la vamos a poner D y E.

Por lo consiguiente debemos dividir cada línea paralela en 3 partes iguales como se observa las líneas rojas.

Entonces hemos llegado al momento en el que debemos elegir el lado delantero de la manga y el lado posterior.

En este caso el lado derecho será el delantero y el izquierdo el posterior.

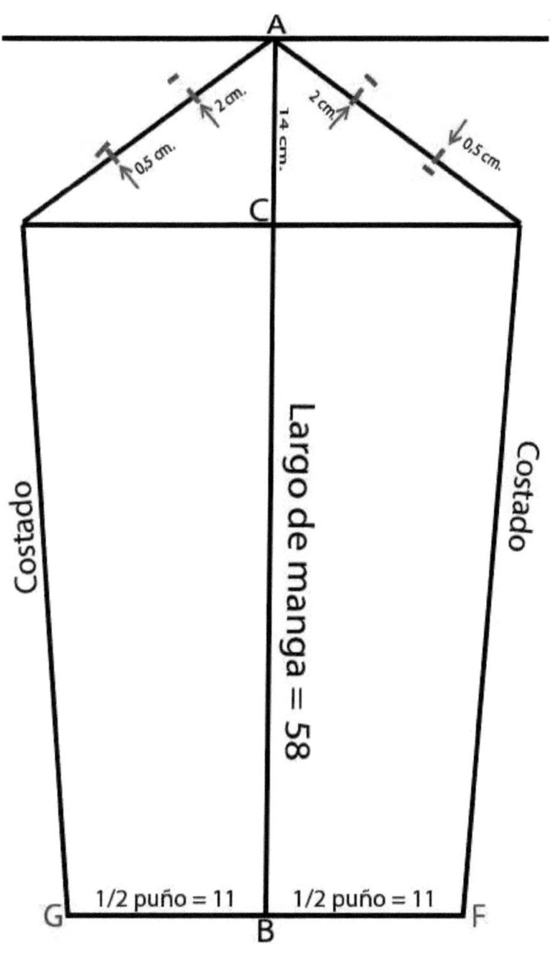

En este paso vamos a realizar los costados de la manga y el puño:

En el punto B debemos dibujar una línea horizontal hacia el lado delantero (punto F) como posterior (punto G). Continuamos uniendo los puntos de la siguiente manera el punto F con el punto D y el punto G con el punto E. Esto lo hacemos con líneas rectas. Finalmente, en los puntos que hemos dividido la línea diagonal en la marca superior sacar 2 cm. tanto para el delantero como para el posterior hacia afuera.

En la marca inferior de la línea diagonal debemos sacar 0,5 cm en el lado posterior, mientras que en el delantero ingresamos hacia la parte interna da la copa de manga 0,5 cm.

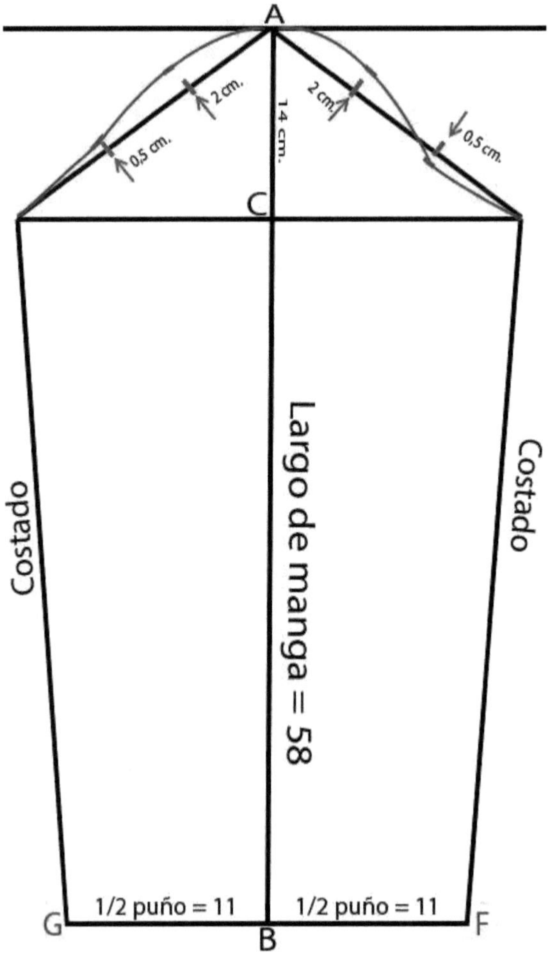

En este paso vamos a realizar la curva de la sisa de la manga.

Para realizar estas curvas utilizamos el sisómetro para el lado posterior se utiliza el lado del sisómetro que no tiene muesca, y para el lado delantero podemos utilizar el que si tiene muesca ya que es una curva más pronunciada.

Se realiza las curvas sobre todo en la punta de la copa de manga y el lado delantero inferior con curva hacia adentro, mientras que para el lado posterior se utiliza línea recta en el tercio inferior la copa. Nos da como resultado la imagen que se muestra.

3.10.1. *Molde de manga con Costuras*

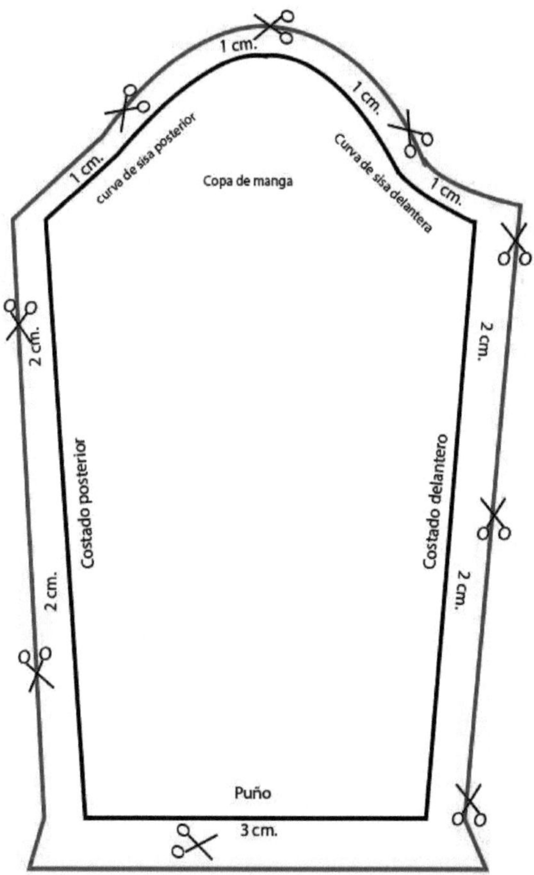

En la imagen se muestra los centímetros de costura que debemos agregar a cada borde para poder realizar las costuras, en el puño se agrega ese margen considerando que se realizará un hilvanado a mano, sin embargo, al igual que cada parte de la prenda puede ser sujeto a diseños distintos y para ello se deberá descontar el puño de la manga y diseñar el puño de acuerdo a la propuesta.

4. Capítulo IV: Cálculo de elasticidad de tela

Para calcular la elasticidad de la tela es necesario realizar un pequeño procedimiento muy sencillo teniendo en cuenta la siguiente fórmula.

Nivel de stress = cm. Estiramiento /cm. de prueba = + 1

Y ese coeficiente es el que vamos a utilizar, dividiendo cada medida de ancho y contorno para dicho resultado y después se realiza la división de medidas correspondiente. Pero para poder obtener los datos y poder ejecutar l a fórmula a n t e explicada el procedimiento deberá realizarse de la siguiente manera.

Paso 1

Se debe tomar una muestra de 30cms de la tela a calcular la elasticidad, no es necesario cortarla, podemos marcar 30 cm. con una tiza sastre de la siguiente manera:

Figura 66
Medida base de cálculo de elasticidad

Paso 2

Procedemos a sostener con una mano el extremo izquierdo contra la mesa y con la otra mano proceder a estirar desde el extremo derecho con la cinta métrica debajo para ver cuántos cm. estiraron. Cabe recalcar que se debe estirar la tela suavemente y sin exageración para que el tejido no llegue a distorsionarse.

Figura 67

Estiramiento textil para la medida del crecimiento.

Paso 3

Debemos reemplazar los valores en la formula y realizarla para proceder a la reducción de medidas.

Nivel de stress = 5/30 = 0,16+1 = 1,16

4.1.　Reducción de medidas

Si calculamos la elasticidad al ancho de la tela debemos reducir las medidas que se aplican de manera horizontal (contorno, distancia y ancho). Ejemplo:

Tabla 7

Demostración de reducción de medidas

Medidas a reducir	centímetros	Reducción	Medida Reducida	División de medida	Coeficiente a trabajar
Contorno de busto	96 cm.	96÷1,16	82.75 cm.	÷ 4 = 20,68	20.5 cm.
Contorno de cadera	106 cm.	106÷1,16	91,37 cm.	÷ 4 = 22,84	23 cm.
Contorno de cintura	72 cm.	72÷1,16	62,16 cm.	÷ 4 = 15,51	15.5 cm.
Ancho de espalda	37 cm.	37÷1,16	31,89 cm.	÷ 2 = 15,94	16 cm.
Ancho de busto	16 cm.	16÷1,16	13,79 cm.	÷ 2 = 6,89	7 cm.

4.2.   Cálculo de encogimiento de tela

Según Audaces (2015), una de las cosas más importantes para asegurarnos de que la ropa que fabricamos sea de buena calidad es comprobar cómo encoge la tela. Esto es esencial para evitar errores y asegurarnos de que los moldes de la ropa cortada sigan el diseño planeado.

Para hacer esta comprobación, se usa una técnica llamada "encogimiento previo", donde se verifica que la tela no se encoja más del 1%. Cada tipo de tela tiene sus propias instrucciones para esto. Sin embargo, este proceso puede causar manchas de agua o que la tela pierda su brillo, por lo que es mejor hacer la prueba en un pedazo pequeño de tela antes de hacerlo con toda la pieza.

Si estamos trabajando con telas que solo pueden lavarse en seco, debemos tener aún más cuidado. Humedece la tela y déjala secar sobre una superficie plana, sin colgarla. Después, plánchala suavemente del lado del revés (el lado que no se ve cuando la prenda está terminada).

Si la tela se encoge durante las pruebas, es necesario ajustar la dirección en la que están tejidas las fibras. Es importante saber que no hay una tabla exacta para saber cuánto encogerá una tela, pero sí hay un porcentaje aceptable de encogimiento que depende de cómo se haya entrelazado, el tipo de fibra y la calidad del hilo. Aquí hay algunas cosas a considerar:

Encogimiento del retazo: La prueba en un pedazo de tela no siempre muestra cómo se encogerá toda la pieza, ya que otros factores pueden influir.

Fabricación de la tela: Durante la fabricación, la tela puede cambiar su contenido de humedad, lo que afecta el encogimiento.

Tela en las confecciones: La tela puede cambiar cuando se enrolla y desenrolla para cortar y coser, además de cuando se apilan los rollos de tela.

El encogimiento de la tela depende mucho de cómo se trate y los procesos que se le apliquen. No controlar este encogimiento puede causar problemas, como que las prendas finales sean más pequeñas de lo planeado.

Para evitar estos problemas, es importante controlar todas las etapas del proceso: desde el almacenamiento de la tela, su disposición en la mesa de corte, las máquinas de coser, el número de puntos por centímetro en las costuras, hasta cómo se apilan las piezas cortadas.

5. Referencias

Caro., F. A., Guirald, N., & Soto, M. (1993). *Libro Azul del Panty.* Ibagué: Studio Intimo.

Andrew, R., & Barnfield, J. (2021). *Manual de Patronaje de Moda - Diseño, adaptación y personalización de los patrones de costura.* Madrid: promopress.

Donnanno, A. (2016). *Técnica de patronaje de moda* (Primera edición ed., Vol. Vol. 2). España: promopress.

Donnanno, A. (2018). *Técnicas de patronaje de moda - Alta costura.* Turquía: promopress.

Equipo técnico de CIDEP. (2012). *Manual de Corte y Confección.* El Salvador: NA.

Knight, L. (2012). *Secretos de la Buena Modista* (2da. Edición ed.). Barcelona: Editorial Océano, S.L.

Mercado libre. (2024). https://articulo.mercadolibre.com.pe/MPE-444888447-tijera-piquetera-en-mundial-metal-para-cortar-hilos-costura-_JM

Alba, T. (2018). *Patronaje: Las bases.* Gustavo Gili.

Casanova, M. (2015). *Curso de corte y confección: Volumen 1.* Editorial El Drac.

García, S. (2016). *El gran libro de la costura y el patronaje.* Tikal.

Cebrián, R. (2017). *Patronaje y confección de moda: Guía práctica.* Anaya Multimedia.

Álvarez, A. (2019). *Manual de patronaje y confección.* Editorial Susaeta.

Amazon. (s.f.). Amazon https://www.amazon.es/mujeres-Tallas-Grandes-Redondo- Algod%C3%B3n/dp/B0739QY8LF

Audaces. (22 de junio de 2015). *Audaces.* https://www.audaces.com/es/encogimiento-de-la-tela-un-control-de-calidad- necesario-en-las-confecciones/

Barullo Company. (2024). https://www.barullo.com/complementos-y-maquillaje/5434-kit-marinera.html

CENEA, L. (14 de noviembre de 2011). *SModa Actualidad* https://smoda.elpais.com/moda/vuelve-el-cuello-cisne/

Costura, S. (s.f.). *Pinterest.* https://www.pinterest.nz/pin/2474869420084846 10/

Yo Elijo Coser. (2024). *YoElijoCoser.* https://yoelijocoser.com/diy-transformar-una-falda-en-asimetrica/

La Moda Es. (s.f.). *Lamodaes.com* . https://lamodaes.com/15-diferentes-tipos-y-estilos-de- faldas/

Nomad Bubbles. (2018). Nomad bubbles https://www.nomadbubbles.com/faldas-con-vuelo/

OVS. (s.f.). https://www.ovsfashion.com/es/blusa-viscosa-100%25-escote-cuadrado/000655618-038.html

Flores, R. (9 de noviembre del 2020). Telas y tejidos. https://www.hiladosdealtacalidad.com/telas-y-tejidos

yes
I want morebooks!

Buy your books fast and straightforward online - at one of world's fastest growing online book stores! Environmentally sound due to Print-on-Demand technologies.

Buy your books online at
www.morebooks.shop

¡Compre sus libros rápido y directo en internet, en una de las librerías en línea con mayor crecimiento en el mundo! Producción que protege el medio ambiente a través de las tecnologías de impresión bajo demanda.

Compre sus libros online en
www.morebooks.shop